数学の勉強法をはじめからていねいに

◉責任監修
志田 晶

登場人物紹介

志田 晶先生

Akira Shida

北海道釧路市出身、名古屋大学理学部数学科卒業。その後、同大学院に進学、名古屋大学理学研究科数学専攻博士後期課程満了。東進ハイスクール、東進衛星予備校のカリスマ講師として活躍中。センター試験～東大レベルまで貫かれる、わかりやすさを追求した本格派の講義は、幅広い学力層から絶大な人気を誇る。（もっと詳しいプロフィールは、カバーの折り返しを見てね!）

【趣味】サッカー、筋トレ、ワイン
【好きな映画】「ハリーポッター」、「ビューティフルマインド」
【好きな言葉】常に向上心
【好きな本】「ワイナート」（ワインの本）、「ベイビーステップ」（漫画）、「ゲーム理論の本」（数学の専門書）
【好きな音楽】徳永英明、尾崎豊
【好きな食べ物】お寿司、パスタ

財前 進

Susumu Zaizen

柔道部。体育会系の好青年。まっすぐな性格で友達も多く社交的。趣味はジョギングとバスケ。財前エリカの弟。数学は?「嫌いだし、苦手です」

東郷祐太

Yuta Togo

ロボット研究会。小さい頃からロボットを作るのが趣味の理系青年。寡黙で穏やかな性格。進の親友。数学は?「好きです」

大塚美世
Miyo Otsuka
漫画研究会。女子校の引っ込み思案な女の子。趣味は小説と漫画創作。エリカの親友。数学は?「とっても苦手です……」

財前エリカ
Erika Zaizen
テニス部。はっきりさばさばした性格。趣味は海外旅行と写真撮影。進の姉。美世の親友。数学は?「好きだし、得意!」

糸井高満
Takamitsu Itoi
水泳部。勉強、運動、芸術(特にピアノ)、何でもそつなくこなす典型的な優等生。少々毒舌。健太と結衣の友達。数学は?「得意」

進藤健太
Kenta Shindo
サッカー部。思ったことをすぐ口にする大雑把な性格。勉強は苦手だが、現在夢に向かって猛勉強中。数学は?「これからこれから!」で?「……にがて」

東条結衣
Yui Tojo
弓道部。努力家で真面目な女の子。基本的に大人しく礼儀正しいが、健太にだけはあたりが強い。数学は?「苦手です」

CONTENTS

東進ハイスクール
空いてる席
空いてる席……
あ
あそこ
空いてる!
きゃっ!
大塚《おおつか》 美世《みよ》

ああ!
恥ずかしい…
え?
どうぞ
糸井《いとい》 高満《たかみつ》
あ ありがとうございます…
美世?
財前《ざいぜん》 エリカ

あ ありがとうございました
この校舎で
え？
志田晶先生の
公開授業
志田先生の公開授業あるんでしたっけ
あ……
はい……来週
ふーん……
あっ…エリカ
どうしたの？美世
ちょっと転んじゃって……
そうか
東進ハイスクール
受付
志田先生の特別公開授業

ワイ
ワイ
すごい人数大人気ね
ガヤ
うんあ…
ガヤ
?
よく来たな健太
フ…
今日は自主的に参加だ
進藤《しんどう》 健太《けんた》
もー高満君に志田先生の公開授業のこと教えてもらったんでしょ
えばらないの!
東条《とうじょう》 結衣《ゆい》
嫌がらないだけでもたいした進歩だな
うっせ
数学一緒に頑張ろーね
おう!
オレな――
――…
でさ――
――…

姉貴
来てたんだ
進
タタタッ
祐太に誘われて
財前《ざいぜん》 進《すすむ》
強引に誘いました
コクッ
東郷《とうごう》 祐太《ゆうた》
美世さんこんにちは
こんにちは
ありがと祐太君
よしっ数学頑張ろーね
うん…昔からすごく苦手…
大丈夫！今日で克服しよ！
ガラ
志田先生がいらっしゃいました！

第1講

数学ができるって何だろう

第1講 ① 数学ができるとは?
パチ
パチ
パチ
パチ
皆さんこんにちは!志田晶です
今日は来てくれてありがとう
今日の講義では皆さんの数学力が必ずUPする勉強法を伝授します!
最後まで一緒に楽しく勉強しよう!

よし！
早速だが
君
はい！
数学ができる人ってどういう人だと思う？
学校のテストとかで高得点がとれる人でしょうか？
うん大事な要素のひとつだね
でも……

学校のテストは数学力がなくても
何とかなるんだ
え?
たとえば
学校の場合テスト前になると先生が『教科書の20ページから40ページまで』というように
P20 〜 P40
出題範囲を決めたりするだろう
だから数学的な意味を理解していなくても解法を丸暗記すれば
それなりに点はとれてしまう

しかし
そういう人は範囲の不確定な実力試験や予備校の模擬試験になると
範囲広すぎ…
わからない…
点がとれない
つまり
学校のテストで点をとることだけを考えて学習を進めてしまうと
数学力は効率よく伸びなくなってしまう
私 学校のテストで点をとるためだけに勉強しちゃってる……
君だったら学校のテストで良い点をとろうと思ったらどう勉強する？
テストに出そうなところを集中的にやります

お前は
それ以外も
勉強するだろ
フッ
だよな
試験範囲を
勉強する
範囲外はやらない
当然だ
でも実は
範囲外にこそ
数学が
できるための
……
ド
カギが
隠れているんだ
ン
じゃあ
数学が
できる人って
どういう人
だろう?

それはずばり
『ひらめく』力を持った人だ
君たちには
その『ひらめき力』があると思う？
たとえば君はどう？
俺？
いやないですひらめきって
ああいう天才肌だけが持ってそうです

そう
思われがち
だよね
たとえば日夜
数学を研究する
数学者は
答えが
あるのかないのかも
わからない問題に
何年も取り組む
そんな彼らは
答えを
見つけるのに
ある種の
特別な
ひらめきが
必要だったりするんだ
でも
ここで君たちに
求められている
ひらめきは
大学入試で
解答を
導き出すための
ひらめきだ
大学入試には
必ず答えが存在し
一問20分から30分で
解けるように
できている
そして
その程度の
ひらめきなら
勉強の方法次第で
誰でも
身につけられる

もう少し根本的な話をしよう 大学の入試科目にはなぜ数学があると思う？
答えは簡単だ
数学ができる人間を大学側が合格させたいからだ
じゃあ大学側が求める数学ができる人間とは一体どういう人だろう？
それは『解法を丸暗記しているだけの人間』なのか
それとも『ひらめく力を持った人間』なのか
君はどう思う？
はい
『ひらめく力を持った人間』だと思います
ドンッ

そのとおり
だから入試でもそういう人間が合格できるような問題が出題される
だから君たちも
『ひらめく力を持った人間』を目指すんだ!
じゃあそのために
どうしたらいいだろう?

まずは数学を根本から理解することだそれによって
『わかる』ようになる
そして『わかる』ようになれば
数学を自由自在に扱えるようになる
するとそれが『ひらめき』をうむ！
祐太
俺には数学がわかるって感覚が
わからん……
よしじゃあ
君たちに『わかる』という感覚を味わってもらおう

問題 1
A,Bの2人でひとつのケーキを どちらにも
不満がないように*切り分けるにはどうすればよいか。
たとえばこの問題を見てみよう
B
A
ただし
両者の価値観は異なるかもしれない
わかる?
…まず
Aが自分の価値観でケーキを2等分に切り分け
Bに好きなほうを選ばせれば良いでしょうか
僕切るね
僕選ぶね

＊ただし、不満がないとは、自分の取り分が自分の価値観で$\frac{1}{2}$以上のときをさすものとする。

そう
よく
知ってるね
Bは
自分の好きな方を
選んだから
当然不満は
ないよね
満足
またAも
最初に自分の
価値観でケーキを
2等分
したんだから
満足
どちらが
残っても
不満はないはず
さすが
です……
確かに！
じゃあ
次は少し
難しい問題

問題2

**A, B, Cの3人でひとつのケーキを切り分ける。
誰からも不満がないように*切り分けるにはどうすればよいか。
やはり、3人の価値観は異なるかもしれない。**

3人で
分ける場合は
どうだろう
B
C
A

＊ただし、不満がないとは、自分の取り分が自分の価値観で$\frac{1}{3}$以上のときをさすものとする。

正解はこうだ

Step1

▶ まず、問題1と同様にA,Bの2人で分割する。

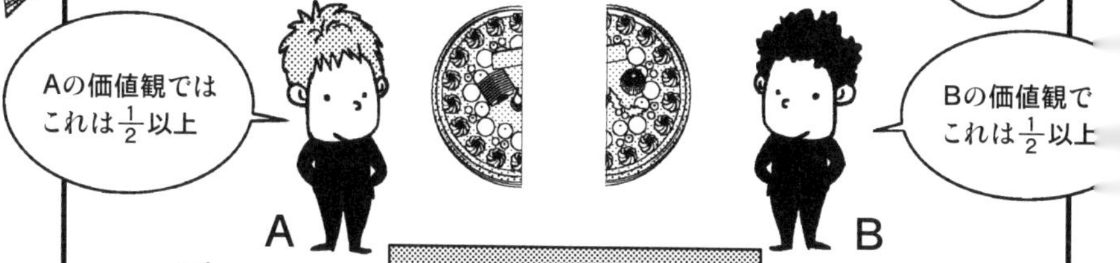
Aの価値観では
これは$\frac{1}{2}$以上
A
B
Bの価値観で
これは$\frac{1}{2}$以上

Step2

▶ A,Bのそれぞれが自分の持っている分を自分の価値観で三等分する。

わけた
A
わけた
B

これでCがA,Bのそれぞれから自分の好きなものを1切れずつ選べば、Cの取り分がCの価値観で全体の$\frac{1}{3}$以上となる状況ができあがる。

Step3

▶ Cは自分の好きなものを1切れずつ選ぶ。

Aの価値観では
自分の分は
($\frac{1}{2}$以上)×$\frac{2}{3}$=($\frac{1}{3}$以上)
なのでAには不満がない
A
Bの価値観では
自分の分は
($\frac{1}{2}$以上)×$\frac{2}{3}$=($\frac{1}{3}$以上)
なのでBには不満がない
B
C
CはA,Bのそれぞれより
1切れずつ選んでいる
だから自分の価値観で
$\frac{1}{3}$以上になっているから
Cには不満がない

これで
満足！
誰からも不満なく分けることができた
満足！
私も満足
なるほど
お…
面白い
でしょ これが
『わかる』ということだ
数学はわかると面白い！
わかる!!
↓
面白
『わかる』は『面白い』をうむんだ

そして面白ければ数学に対する『やる気』がうまれ
そしてやる気が勉強の意欲をうみ
ドンッ
わかる!!
面白い
やる気
できる!!
それが『できる』につながる!
こういう体験を繰り返すうちに…
『ひらめく』力も身につくようになる
ドドンッ
わかる!!
面白い
やる気
できる!!
ひらめく力

自分が知っている公式や定理を
知識っていうよね
でも『わかる』とは知識の領域内の事を理解することではない
知識外
知識外
知識外
アプローチ
アプローチ
アプローチ
知識の領域
【自分が知っていること】
知識の外にあるものにアプローチして自分の知識から考察し
根本から理解することを『わかる』というんだ
これを繰り返すことで
数学力は必ずアップする

数学ができる人ほど知識の領域も広い
でも
なんでも丸暗記して知識の領域だけを広くしても
意味はない
たとえば
条件『x>2かつy>2』を否定せよ
これわかるかな？
『x≦2またはy≦2』
です
正解
この場合の考え方は…

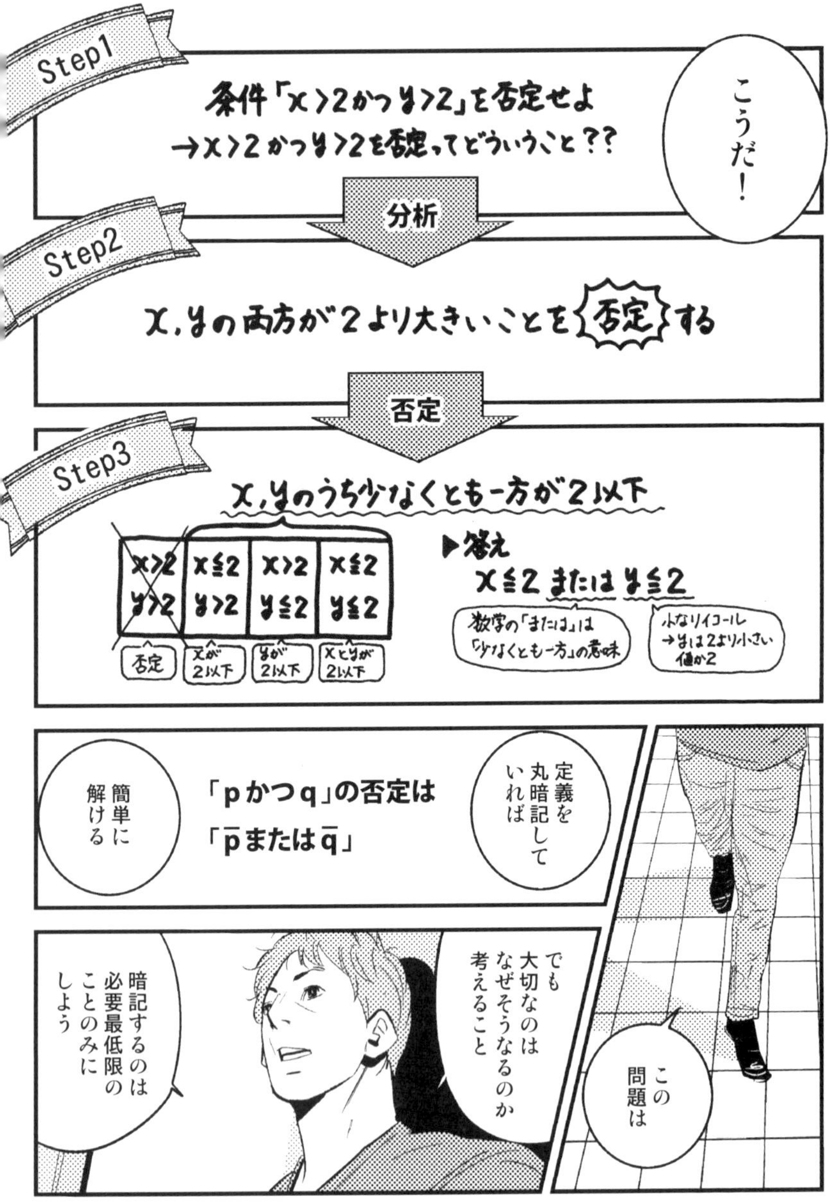
こうだ!
Step1
条件「x>2かつy>2」を否定せよ
→x>2かつy>2を否定ってどういうこと??
分析
Step2
x, yの両方が2より大きいことを否定する
否定
Step3
x, yのうち少なくとも一方が2以下
x>2 y>2
x≦2 y>2
x>2 y≦2
x≦2 y≦2
否定
xが2以下
yが2以下
xとyが2以下
▶答え
x≦2 または y≦2
数学の「または」は「少なくとも一方」の意味
小なりイコール→yは2より小さい値か2
定義を丸暗記していれば
「pかつq」の否定は
「$\overline{p}$または$\overline{q}$」
簡単に解ける
この問題は
でも大切なのはなぜそうなるのか考えること
暗記するのは必要最低限のことのみにしよう

知識外
知識
知識外
知識外
知識外のことへアプローチして考察して理解することを反復練習する
何度も何度も
パッ
知識外
知識
知識外
知識外
すると知識外のことが知識になるこれが理想だ
知識の領域が広くなった
僕は昔から数学が大好きだったけど
あまり勉強した記憶はない
数学が楽しくて勉強という意識で取り組んでなかったんだ
君たちの中にも僕みたいな人はいるかい？
……祐太だな
一方

数学が苦手で嫌いな人も多いよね
でも大丈夫
数学力はある段階までくると『知ってる』か『知らない』かでも『やったことがある』か『やったことがない』かでもなくその場で対応する力つまり『ひらめき力』の差なんだ
君たち全員にひらめき力はある！
正しい勉強法を実践して数学を得意教科にしよう！

第1講 ② 勉強するときに意識してほしいこと
じゃあ知識の領域を自然に広げ『わかる』力を鍛えるために意識してほしい
6つのことをあげよう
①証明の理解
②派生公式を導出する練習
③暗記の境界線を引く
④解答復元練習
⑤複数解釈
⑥アナロジー
難しそ……
まずは①証明の理解
ここでは三角比の定義から話そう
c
b
a
このように辺の長さがabcの直角三角形が与えられたとする

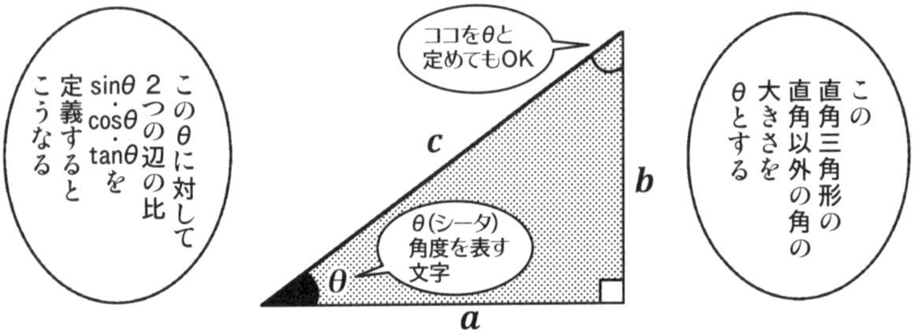

この直角三角形の直角以外の角の大きさをθとする
このθに対して2つの辺の比sinθ・cosθ・tanθを定義するとこうなる
ココをθと定めてもOK
θ(シータ)角度を表す文字
c
b
a
θ

tanθ	cosθ	sinθ
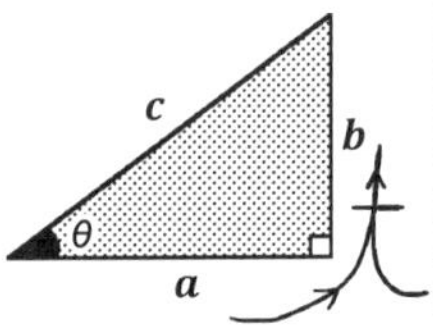	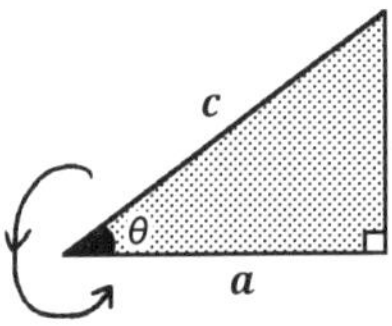	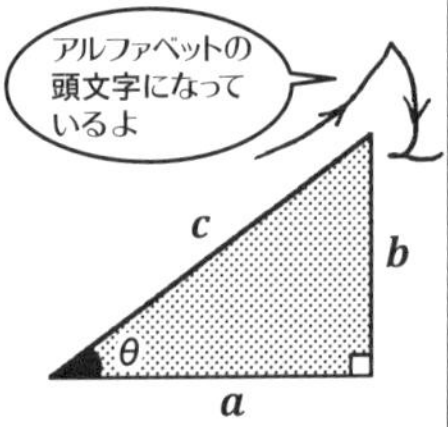
正接(tanθ) = $\frac{b}{a}$ →θから直角をはさんで直角ではない角へ	余弦(cosθ) = $\frac{a}{c}$ →θをはさんで直角へ	正弦(sinθ) = $\frac{b}{c}$ →θから直角ではない角をはさんで直角へ

アルファベットの頭文字になっているよ

問題 木の高さは何mでしょうか?

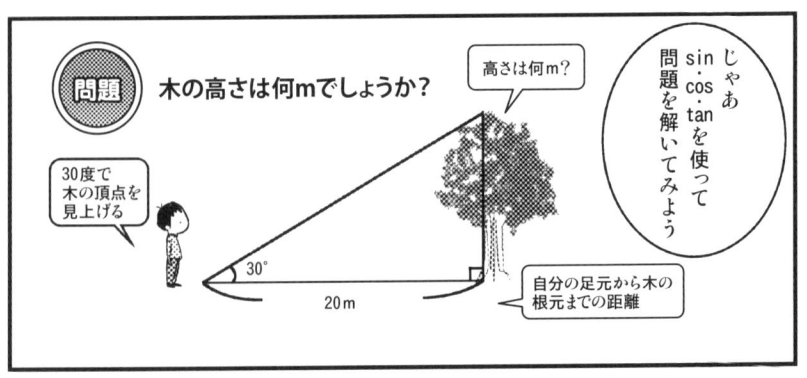

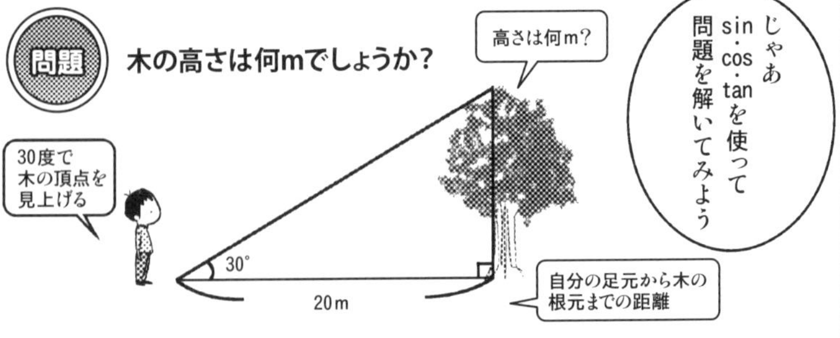

じゃあsin・cos・tanを使って問題を解いてみよう
高さは何m?
30度で木の頂点を見上げる
30°
20m
自分の足元から木の根元までの距離

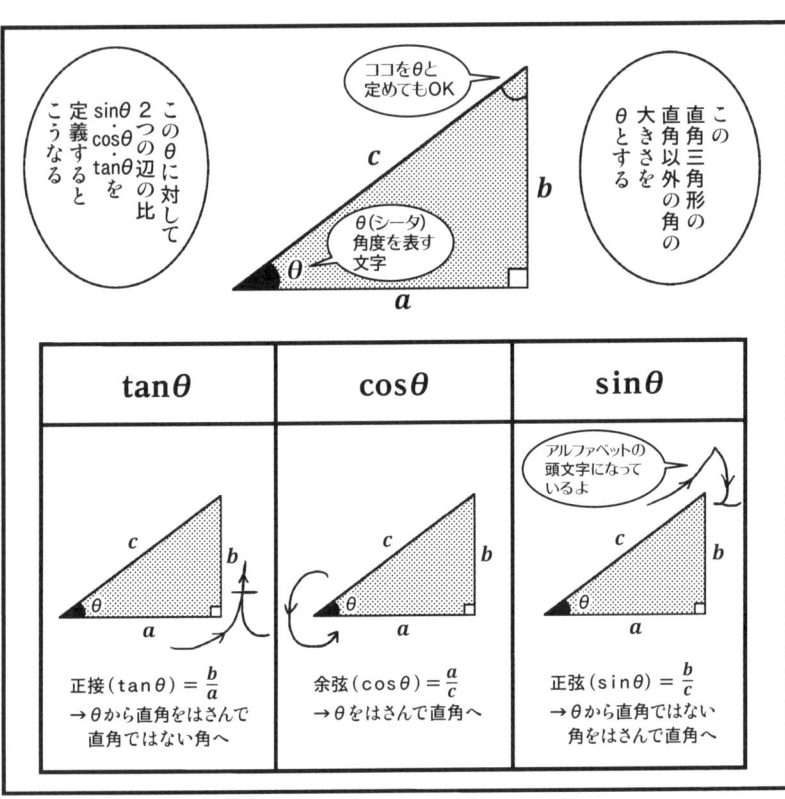

解答
c
b
30°
a
20m
tanの公式より
$\tan 30° = \frac{b}{20}$
$b = \tan 30° \times 20$
関数表より
$= \frac{1}{\sqrt{3}} \times 20$
$= \frac{20\sqrt{3}}{3}$ m
木の高さが出た!!
じゃあ次
正弦定理って知ってるかな?
えっと……
△ABCの外接円の半径をRとすると
$\frac{a}{\sin A} = \frac{b}{\sin B} = \frac{c}{\sin C} = 2R$
です
外接円
ただし、Rは△ABCの外接円の半径
A
B
C
c
b
a
R
正解!
さっそくこの公式を使って問題を解いてみよう
問題
△ABCにおいて
$a = 10$, $B = 60°$,
$A = 45°$のときbの値は?
A
B
C
45°
60°
c
b
a
できるかい?
……
キュポンッ

正弦定理より
a/sinA = b/sinB
であるから,
10/sin45° = b/sin60°
∴ b = 10/(1/√2) × √3/2 = 5√6
正解
ちなみになぜ
sin 45° = 1/√2
sin 60° = √3/2
になるかわかるかい？
わからないです…
これは左の2つの三角形の3辺の比から導き出せるんだ
1:2:√3の三角形
sin 60° = √3/2
2
√3
1
30°
60°
1:1:√2の三角形
sin 45° = 1/√2
√2
1
1
45°
45°
じゃあ君
正弦定理の証明はできる？
えと……ちゃんとできないです
うんそういう人が多いかもしれないね
でもそれは数学を学ぶうえで重要な部分を
見落としてしまっている
公式は覚えて使うだけでなく
その証明を理解することが大切

たとえば正弦定理を覚えてそれにあてはめれば問題は解ける
A
B
C
a
b
c
R
正弦定理
$\dfrac{a}{\sin A}=\dfrac{b}{\sin B}=\dfrac{c}{\sin C}=2R$
学校でも同じような問題が出れば点はとれるかもしれないが考えて理解する量は少ない
A
B
C
45°
60°
a
b
c
正弦定理より
$\dfrac{a}{\sin A}=\dfrac{b}{\sin B}$
であるから，
$\dfrac{10}{\sin 45°}=\dfrac{b}{\sin 60°}$
$\therefore b=\dfrac{10}{\frac{1}{\sqrt{2}}}\times\dfrac{\sqrt{3}}{2}=5\sqrt{6}$
一方証明を理解しようとすれば考えて理解する経験をたくさん積むことができる
さっそく証明を見てみよう
鋭角つまり直角(90°)より小さい角の場合だけだと正弦定理の証明は次のように書いてある

正弦定理の証明

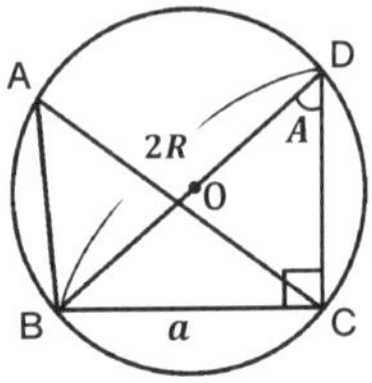

∠A<90°のとき

頂点 B を通る直径を BD とすると

∠BDC＝A, ∠BCD＝90°

よって、

$a = 2R\sin\angle\mathrm{BDC} = 2R\sin A$

$\therefore \dfrac{a}{\sin A} = 2R$

同様に、次の 2 つも成り立つ。

$\dfrac{b}{\sin B} = 2R,\quad \dfrac{c}{\sin C} = 2R$

したがって、

$\dfrac{a}{\sin A} = \dfrac{b}{\sin B} = \dfrac{c}{\sin C} = 2R$

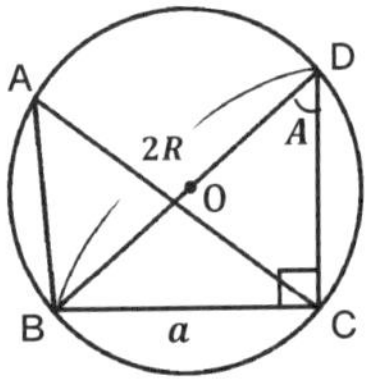

∠A<90°のとき

頂点 B を通る直径を BD とすると

∠BDC＝A, ∠BCD＝90°

よって、 円周角の定理より

$a = 2R\sin\angle\mathrm{BDC} = 2R\sin A$

$\therefore \dfrac{a}{\sin A} = 2R$

同様に、次の 2 つも成り立つ。

$\dfrac{b}{\sin B} = 2R,\quad \dfrac{c}{\sin C} = 2R$

したがって、

$\dfrac{a}{\sin A} = \dfrac{b}{\sin B} = \dfrac{c}{\sin C} = 2R$

BDは直径だから
弧BDに対する円周角は90°

△BCDは直角三角形。だから
サインの定義より、
$\sin\angle\mathrm{BDC} = \dfrac{(\text{対辺})}{(\text{斜辺})} = \dfrac{a}{2R}$

D
2R
A
B
a
C

a,Aをb,Bとc,Cにおきかえただけ

上をまとめた

どうだい公式をただ覚えて使うより断然頭を使うだろ
証明の理解は『考える力』を育てるんだ
ちなみに公式の証明は読んだら結果のみ覚えようとしなくてもいい
結果のみ…
教科書などに書き込むのも時間のムダだ
テスト範囲だけ勉強しようとすると公式を丸暗記しようとしてしまうが
それでは数学力アップにはつながらない
まずは教科書にある公式の証明のうち5分の1程度を読んで理解してごらん
効果が見えてきたら3分の1次に2分の1と増やしていき
最終的にはすべての公式の証明を理解することだ
まずは$\frac{1}{5}$…
理解した!
これだけでも君たちの数学力は確実にUPする
グッ

次は②派生公式を導出する練習だ
派生公式？
派生公式とはある公式から導かれた別の公式のこと
たとえば…

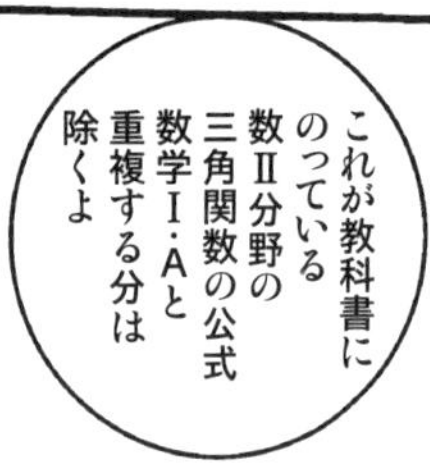
これが教科書にのっている数Ⅱ分野の三角関数の公式
数学Ⅰ・Aと重複する分は除くよ

$\sin(\theta + 2\pi) = \sin\theta$

$\cos(\theta + 2\pi) = \cos\theta$

$\tan(\theta + 2\pi) = \tan\theta$

$\sin(-\theta) = -\sin\theta$

$\cos(-\theta) = \cos\theta$

$\tan(-\theta) = -\tan\theta$

$\sin\left(\theta + \frac{\pi}{2}\right) = \cos\theta$

$\cos\left(\theta + \frac{\pi}{2}\right) = -\sin\theta$

$\tan\left(\theta + \frac{\pi}{2}\right) = -\frac{1}{\tan\theta}$

$\sin(\theta + \pi) = -\sin\theta$

$\cos(\theta + \pi) = -\cos\theta$

$\tan(\theta + \pi) = \tan\theta$

加法定理

$\sin(\alpha \pm \beta) = \sin\alpha\cos\beta \pm \cos\alpha\sin\beta$

$\cos(\alpha \pm \beta) = \cos\alpha\cos\beta \mp \sin\alpha\sin\beta$

$\tan(\alpha \pm \beta) = \frac{\tan\alpha \pm \tan\beta}{1 \mp \tan\alpha\tan\beta}$

（以上、複号同順）

2倍角公式

$\sin 2\alpha = 2\sin\alpha\cos\alpha$

$\cos 2\alpha = \cos^2\alpha - \sin^2\alpha$

$= 2\cos^2\alpha - 1$

$= 1 - 2\sin^2\alpha$

$\tan 2\alpha = \frac{2\tan\alpha}{1 - \tan^2\alpha}$

半角の公式

$\sin^2\frac{\alpha}{2} = \frac{1 - \cos\alpha}{2}$

$\cos^2\frac{\alpha}{2} = \frac{1 + \cos\alpha}{2}$

合成公式

$a\sin\theta + b\cos\theta = \sqrt{a^2 + b^2}\sin(\theta + \alpha)$

和積公式

$\sin A + \sin B = 2\sin\frac{A+B}{2}\cos\frac{A-B}{2}$

$\sin A - \sin B = 2\cos\frac{A+B}{2}\sin\frac{A-B}{2}$

$\cos A + \cos B = 2\cos\frac{A+B}{2}\cos\frac{A-B}{2}$

$\cos A - \cos B = -2\sin\frac{A+B}{2}\sin\frac{A-B}{2}$

積和公式

$\sin\alpha\cos\beta = \frac{1}{2}\{\sin(\alpha + \beta) + \sin(\alpha - \beta)\}$

$\cos\alpha\sin\beta = \frac{1}{2}\{\sin(\alpha + \beta) - \sin(\alpha - \beta)\}$

$\cos\alpha\cos\beta = \frac{1}{2}\{\cos(\alpha + \beta) + \cos(\alpha - \beta)\}$

$\sin\alpha\sin\beta = -\frac{1}{2}\{\cos(\alpha + \beta) - \cos(\alpha - \beta)\}$

『三角関数』には たくさんの 公式がある
でも 覚える 必要がある 公式は…
うわ…
加法定理と 合成公式
加法定理
$\sin(\alpha \pm \beta) = \sin\alpha\cos\beta \pm \cos\alpha\sin\beta$
$\cos(\alpha \pm \beta) = \cos\alpha\cos\beta \mp \sin\alpha\sin\beta$
$\tan(\alpha \pm \beta) = \dfrac{\tan\alpha \pm \tan\beta}{1 \mp \tan\alpha\tan\beta}$ （以上、複号同順）
合成公式
$a\sin\theta + b\cos\theta = \sqrt{a^2 + b^2}\sin(\theta + \alpha)$
この2つ だけだ
え?
ほかの公式は 導出できる ようにさえ すればいい
君
はい
2倍角の 公式は 導出 できるかい?
$\sin 2\alpha = 2\sin\alpha\cos\alpha$

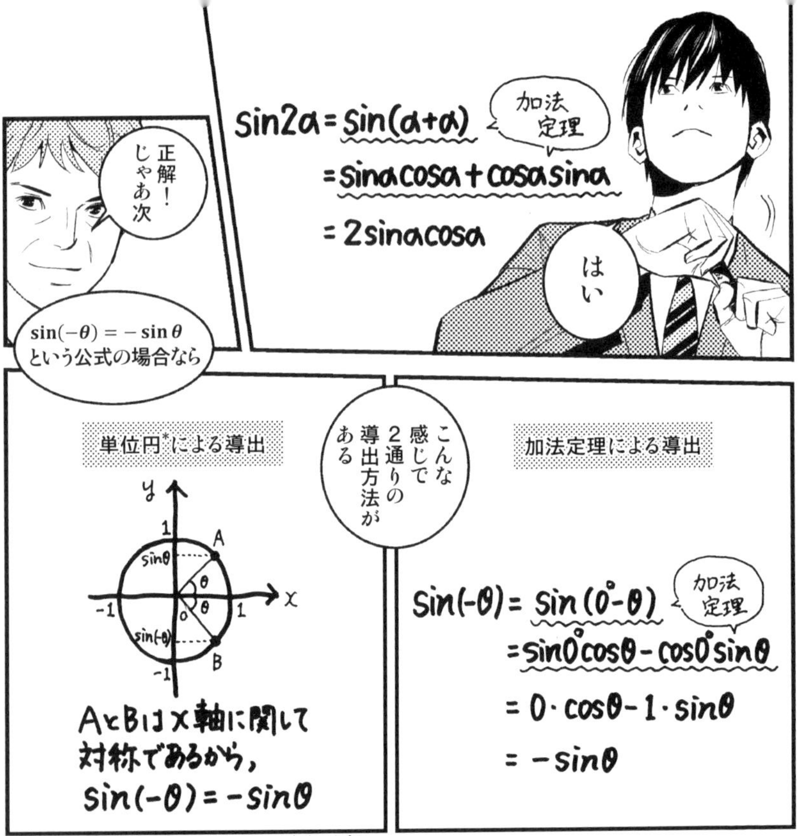
sin2a = sin(a+a)
加法定理
= sinacosa + cosasina
= 2sinacosa
はい
正解！じゃあ次
sin(−θ) = − sin θ という公式の場合なら
こんな感じで2通りの導出方法がある
加法定理による導出
sin(−θ) = sin(0°−θ)
加法定理
= sin0°cosθ − cos0°sinθ
= 0・cosθ − 1・sinθ
= −sinθ
単位円*による導出
y
x
1
−1
A
B
sinθ
sin(−θ)
θ
o
AとBはx軸に関して対称であるから，
sin(−θ) = −sinθ

*単位円……半径が1の円。ふつう座標の原点を中心とする。

これらの公式は必要なときにすぐに導出できることが大切
導出する過程を繰り返すことで考える力が身につく
ただし導出にかける時間は
1分
これ以上は実践では使い物にならない
……1分
具体的な訓練方法はこう
まず紙に公式を書く

最初は何分かかってもいいから正しく導出することだ
次に慣れてきたら2分くらいで導出できるようにしよう
最後は紙を使わないで頭の中だけで紙に書いた式が浮かぶようにする
10分かかった
次は2分目標
公式は大体の形を覚えて
細かいことは導出して確認するくらいがいい
次に③暗記の境界線を引くこと！
数学は『考える力』で勝負する学問だ
でもたとえば*Σ(シグマ)を見てこの記号わからないでは話にならない
Σ
だから最低限次の3つは覚えておくこと
＊Σ(シグマ)……2つ以上の数の総和を表す記号。
まず基本用語
次に基本的な公式やその使い方
そして基本問題の解法

でも
暗記だけで
問題を解こうと
してはいけない
どこかに
境界線を引いて
境界線の外側は
自分で
導出できるように
なること
知識の領域を
定めるって
ことか…

たとえば
対称式の場合
こうだ

用語説明

対称式……
文字を入れかえても、元の式と同じになる式のこと。

入れかえても同じだね!

$\alpha^2 + \beta^2$ ， $\alpha^3 + \beta^3$

$$\alpha^2 + \beta^2 = (\alpha + \beta)^2 - 2\alpha\beta$$

$$\alpha^3 + \beta^3 = (\alpha + \beta)^3 - 3\alpha\beta(\alpha + \beta)$$

↑ ココまでは覚えておく

↓ ココからは導出できればよい

$$\alpha^4 + \beta^4 = (\alpha^2 + \beta^2)^2 - 2(\alpha\beta)^2$$

$$\alpha^5 + \beta^5 = (\alpha^2 + \beta^2)(\alpha^3 + \beta^3) - (\alpha\beta)^2(\alpha + \beta)$$

対称式の
性質も
確認しよう
実際に覚えるのは
α²+β² と
α³+β³ だけ
それ以外は
自分で
導出できる
ようにする

【対称式の性質】
すべての対称式は、式変形をすることによって基本対称式のみを使って表すことができる。
基本対称式とは2文字の対称式の場合、$a + b$, ab。

$a^2 + b^2$は$(a+b)^2$を式変形して求める。

$(a + b)^2 = a^2 + 2ab + b^2$

よって、$a^2 + b^2 = (a + b)^2 - 2ab$

基本対称式
$a + b$, abのみで
表すことができた!

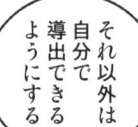

また参考書に出る基本問題の解法も覚えておくこと
基本問題の考え方は難問にあたるときのヒントになるただしこれも丸暗記はだめ
④解答復元練習で身につけること
ドン
解答復元練習……?
文字通り解答を復元する練習のことだ
ただし最初は白紙からの復元は難しいから
解答の鍵になる情報をいくつか与えてそこから復元する
これができるようになったら情報量を減らし
最終的には白紙の状態から復元できるようにする
たとえばこの問題

問題 実数値をとって変化するとき、放物線 $y = x^2 - 4tx + t$ の頂点Pの軌跡*を求めよ。

まずは解答を理解しよう

解答

$y = x^2 - 4tx + t$

$\quad = (x - 2t)^2 - 4t^2 + t$

であるから，$P(X, Y)$ とおくと

$$\begin{cases} X = 2t & \cdots ① \\ Y = -4t^2 + t & \cdots ② \end{cases}$$

①より，$t = \frac{1}{2}X$ であるから，②に代入すると

$Y = -4\left(\frac{1}{2}X\right)^2 + \frac{1}{2}X$

$\quad = -X^2 + \frac{1}{2}X$

よって，求める軌跡は，放物線 $y = -x^2 + \frac{1}{2}x$

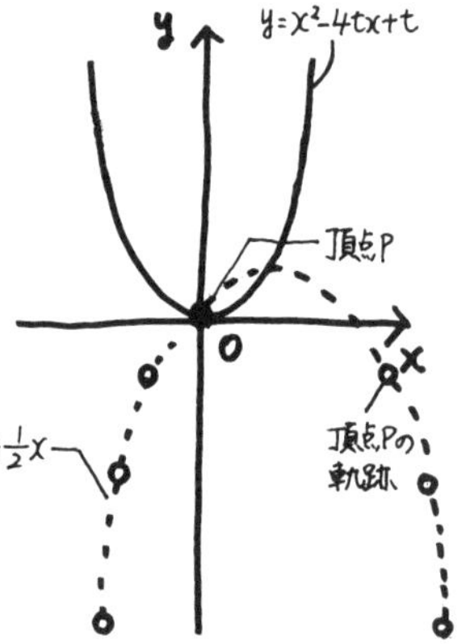
y
y=x²−4tx+t
頂点P
O
x
頂点Pの軌跡
y=−x²+½x

頂点Pの座標を(X,Y)とおき

X = (tの式)

Y = (tの式)

を作り、tを消去する!!

これをこの情報だけから解答を復元できるかな

解答復元練習は考えて理解する経験を積むためのものだから難問で練習する必要はない
参考書などの基本問題で徹底的に練習しよう
そのかわり次に解くときは
前よりも速く理解することを心がけよう
ちなみに

*軌跡……点が一定の条件に従って動くときに描く図形。

今は問題が
難しくて
解けない人も
大丈夫
こんな風に
公式導出練習や
解答復元練習によって
数学力を
鍛えることで
『ひらめき力』がつき
必ず
解けるようになる
よし
ここからは
応用だ
⑤複数解釈
これは
一つのことを
違う見方で
とらえること

たとえばこれ
解答の
Ⓐの部分は
理解できるかい？

問題

自然数 n に対して、正の整数 a_n, b_n を

$$a_n + b_n\sqrt{2} = \left(3+\sqrt{2}\right)^n$$

によって定める。

このとき、a_{n+1}, b_{n+1} を a_n , b_n を用いて表せ。

解答

$$\text{Ⓐ}\left\{\begin{aligned} a_{n+1} + b_{n+1}\sqrt{2} &= \left(3+\sqrt{2}\right)^{n+1} \\ &= \left(3+\sqrt{2}\right)\left(3+\sqrt{2}\right)^n \\ &= \left(3+\sqrt{2}\right)\left(a_n + b_n\sqrt{2}\right) \end{aligned}\right.$$

$$= (3a_n + 2b_n) + (a_n + 3b_n)\sqrt{2}$$

ここで、$\{a_n\}$,$\{b_n\}$は整数からなる数列で、$\sqrt{2}$は無理数であるから

$$\begin{cases} a_{n+1} = 3a_n + 2b_n \\ b_{n+1} = \ a_n + 3b_n \end{cases}$$

問題

自然数 n に対して、正の整数 a_n, b_n を

$$a_n + b_n\sqrt{2} = (3+\sqrt{2})^n \cdots ①$$

によって定める。

このとき、a_{n+1}, b_{n+1} を a_n, b_n を用いて表せ。

数学的な意味を示すとこうだ

解答

Ⓐ
$$a_{n+1} + b_{n+1}\sqrt{2} = (3+\sqrt{2})^{n+1} \quad \leftarrow \text{①の}n\text{を}n+1\text{に変えた}$$
$$= (3+\sqrt{2})(3+\sqrt{2})^n \quad \leftarrow x^{n+1} = x\cdot x^n \text{を利用}$$
$$= (3+\sqrt{2})(a_n + b_n\sqrt{2}) \quad \leftarrow \text{①を代入}$$
$$= (3a_n + 2b_n) + (a_n + 3b_n)\sqrt{2}$$

ここで、$\{a_n\}$,$\{b_n\}$は整数からなる数列で、$\sqrt{2}$は無理数であるから

$$\begin{cases} a_{n+1} = 3a_n + 2b_n \\ b_{n+1} = a_n + 3b_n \end{cases}$$

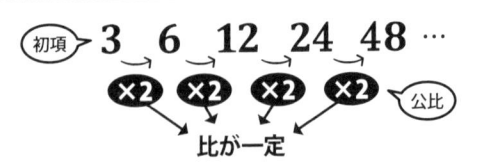

Ⓐの部分は等比数列の＊漸化式を用いて複数解釈できる

初項 3 → 6 → 12 → 24 → 48 …

×2 ×2 ×2 ×2 ← 公比

比が一定

等比数列とは隣り合う項の比が常に一定である数列のことだよ

第1講の最後に数列についてまとめたからぜひ確認してね
一般に $c_n = r^n$ は等比数列を表す
等比数列の漸化式は $c_{n+1} = rc_n$ だ

＊漸化式……P.130で説明しているよ。

等比数列	
$c_n = r^n$	$\underbrace{a_n + b_n\sqrt{2}}_{c_n} = \underbrace{(3+\sqrt{2})^n}_{r^n}$

⬇

漸化式	
$c_{n+1} = rc_n$	$\underbrace{a_{n+1} + b_{n+1}\sqrt{2}}_{c_{n+1}} = \underbrace{(3+\sqrt{2})}_{r}\underbrace{(a_n + b_n\sqrt{2})}_{c_n}$

c_{n+1}：$a_n + b_n\sqrt{2}$のnを$n+1$に変えた

そしてⒶの部分は等比数列の漸化式を作れと解釈できる

(3+√2)が公比の等比数列の漸化式の形だ!!

これが複数解釈するということだ
一つの数式に対してできるだけたくさんの解釈ができた方が良い
これができれば問題に対するアプローチの多様性をうむ
2つなら思いつくゾ…
じゃあそのためにどうやって勉強するか
心がけてほしいことが3つある
①学校や塾などのいろんな先生の考え方を参考にしよう
②参考書の問題を解いた後、解答を見ながら複数解釈できないか探る
③参考書の別解は必ず読む
頑張るぞ…!

バ
ンッ
最後⑥はアナロジー
日本語で類比という
いくつかの異なる物事のあいだに類似性を見つけ出し
それにもとづいて問題を解くことだ
たとえば微分法において$f'(x)$は何のために求められるかわかる?
$f'(x)>0$の区間では$f(x)$は増加し$f'(x)<0$の区間では$f(x)$は減少します
y
x
y=f(x)
x<0のとき f(x)は 減少
x>0のとき f(x)は 増加
$f(x)=x^2$
$f'(x)=2x$
x>0のとき、f'(x)>0より増加
x<0のとき、f'(x)<0より減少

さすが…
高満…
正解
微分法では
f'(x)の符号から
f(x)の増減を調べ
最大値
最小値を求める
実はこれを
数列にも
応用できるんだ

$$\begin{cases} a_{n+1} - a_n > 0 \longrightarrow \text{数列}\{a_n\}\text{は増加する} \\ a_{n+1} - a_n < 0 \longrightarrow \text{数列}\{a_n\}\text{は減少する} \end{cases}$$

$b_n = a_{n+1} - a_n$

を階差数列という

ちなみに
数列では
このように
階差数列
が f'(x)の
役割をする
階差数列とは
各項の差を
とることで
できる
数列のこと

階差数列

a_1	a_2	a_3	a_4	a_5	a_6	…	a_n
2	3	6	11	18	27	…	□

差: 1 3 5 7 9 … ?

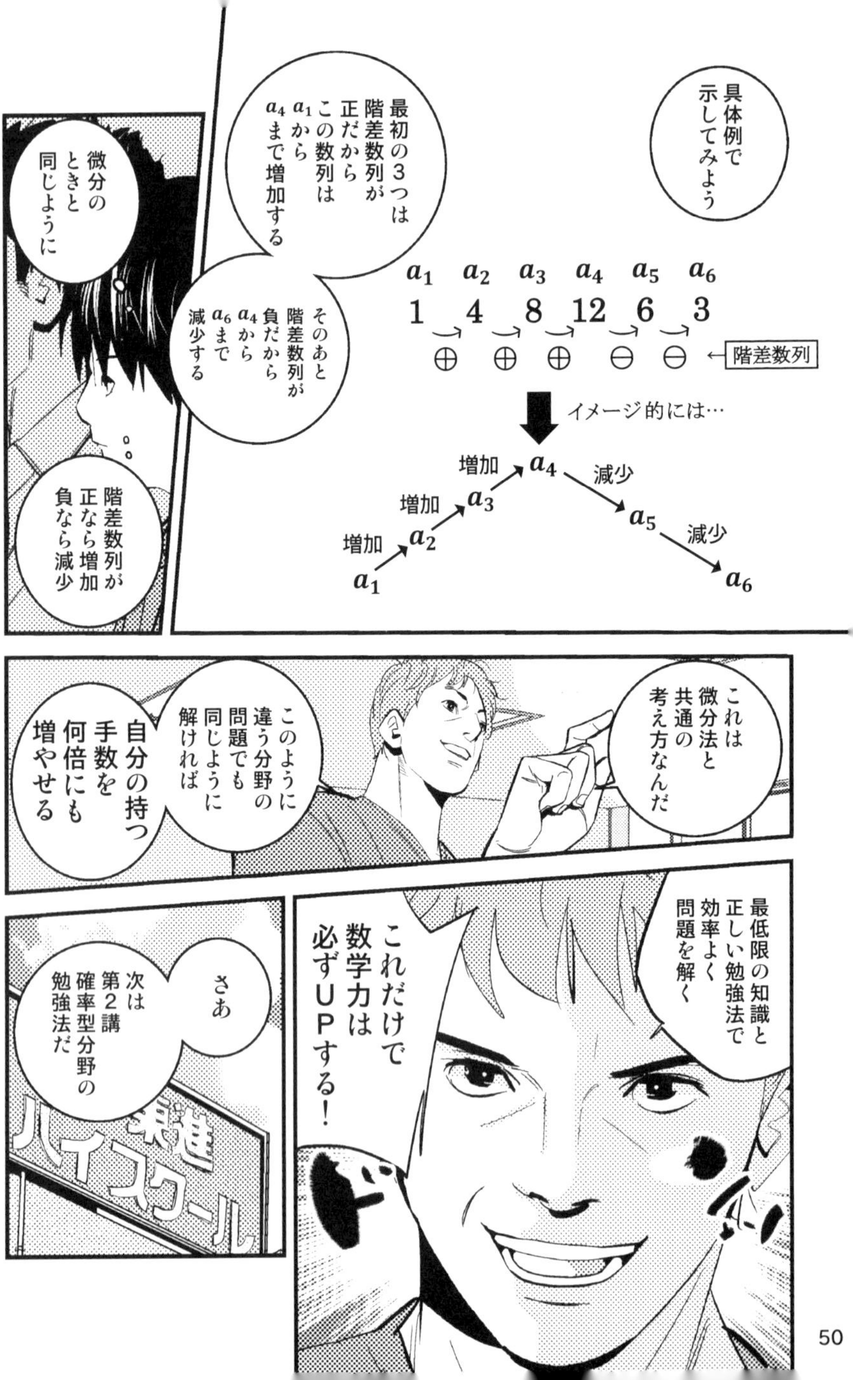
具体例で示してみよう
a_1 a_2 a_3 a_4 a_5 a_6
1 4 8 12 6 3
⊕ ⊕ ⊕ ⊖ ⊖ ←階差数列
イメージ的には…
増加 増加 増加 減少 減少
最初の3つは階差数列が正だからこの数列はa_1からa_4まで増加する
そのあと階差数列が負だからa_4からa_6まで減少する
微分のときと同じように
階差数列が正なら増加負なら減少
これは微分法と共通の考え方なんだ
このように違う分野の問題でも同じように解ければ
自分の持つ手数を何倍にも増やせる
最低限の知識と正しい勉強法で効率よく問題を解く
これだけで数学力は必ずUPする!
さあ
次は第2講確率型分野の勉強法だ
ハイスクール

【数列について】

数列 ←ある規則に従って順に数を並べたもの

例1 1, 3, 5, 7, 9, 11, 13… ←（2ずつ増える）

数列を表すとき、左から順に初項（第１項）、第２項、第３項…といい、それぞれa_1, a_2, a_3…と表す。

例2 上の例1の場合, $a_1=1$, $a_2=3$, $a_3=5$, …

等比数列

一定の数rを次々とかけて得られる数列を等比数列といい、rを公比という。

例3 (1) 3, 6, 12, 24, 48, … ←（初項3, 公比2の等比数列）

(2) 18, 6, 2, $\frac{2}{3}$, $\frac{2}{9}$, … ←（初項18, 公比$\frac{1}{3}$の等比数列）

等比数列の漸化式

公比rの等比数列は、前の項(a_n)にrをかけると次の項(a_{n+1})が得られるので、

$$a_{n+1} = ra_n$$

が成り立つ。

a_n → a_{n+1}（$\times r$）

例4 上の例3では (1) $a_{n+1}=2a_n$

(2) $a_{n+1}=\frac{1}{3}a_n$

等比数列の一般項

初項a、公比rの等比数列は

$a_1 = a$
$a_2 = ar$
$a_3 = ar^2$
$a_4 = ar^3$

より、$a_n=ar^{n-1}$となる、

a_nを数列$\{a_n\}$の一般項という。

例5 上の例4では (1) $a_n=3\cdot2^{n-1}$

(2) $a_n=18\cdot\left(\frac{1}{3}\right)^{n-1}$

数学の勉強法

・数学は学校の試験ハンイだけ勉強していてもだめ!!

?
にゃんで?

・数学ができる人とは… **ひらめく力**を持った人。

けーきを3匹でわけるの

数学を根本から理解して「わかる」ことで，ひらめく力が身につく!!

↑
みよのノート
へんな生きものいるー

ねこさん

ネコ…?

にゃー

"わかる"って何??

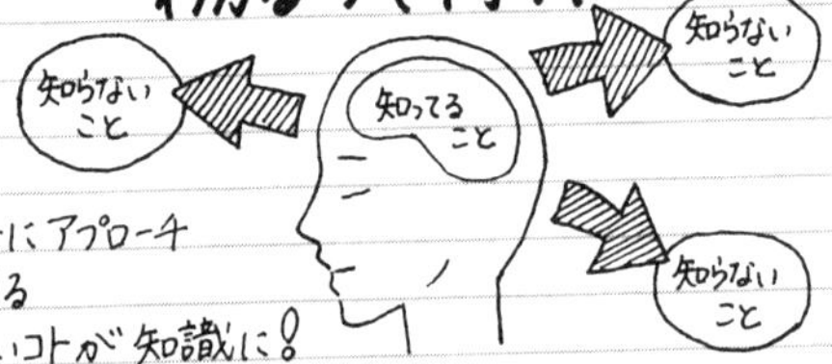
知らないこと
知ってること
知らないこと
知らないこと

☆ 知らないコトにアプローチして理解する
➡ 知らないコトが知識に!

これを繰り返すのが理想!!

・数学の勉強をするときに意識すべき6つの大切なこと。

① 証明の理解
② 派生公式を導出する練習
③ 暗記の境界線を引く
④ 解答復元練習
⑤ 複数解釈
⑥ アナロジー

第2講

確率型分野の勉強法

～場合の数・確率、ベクトル～

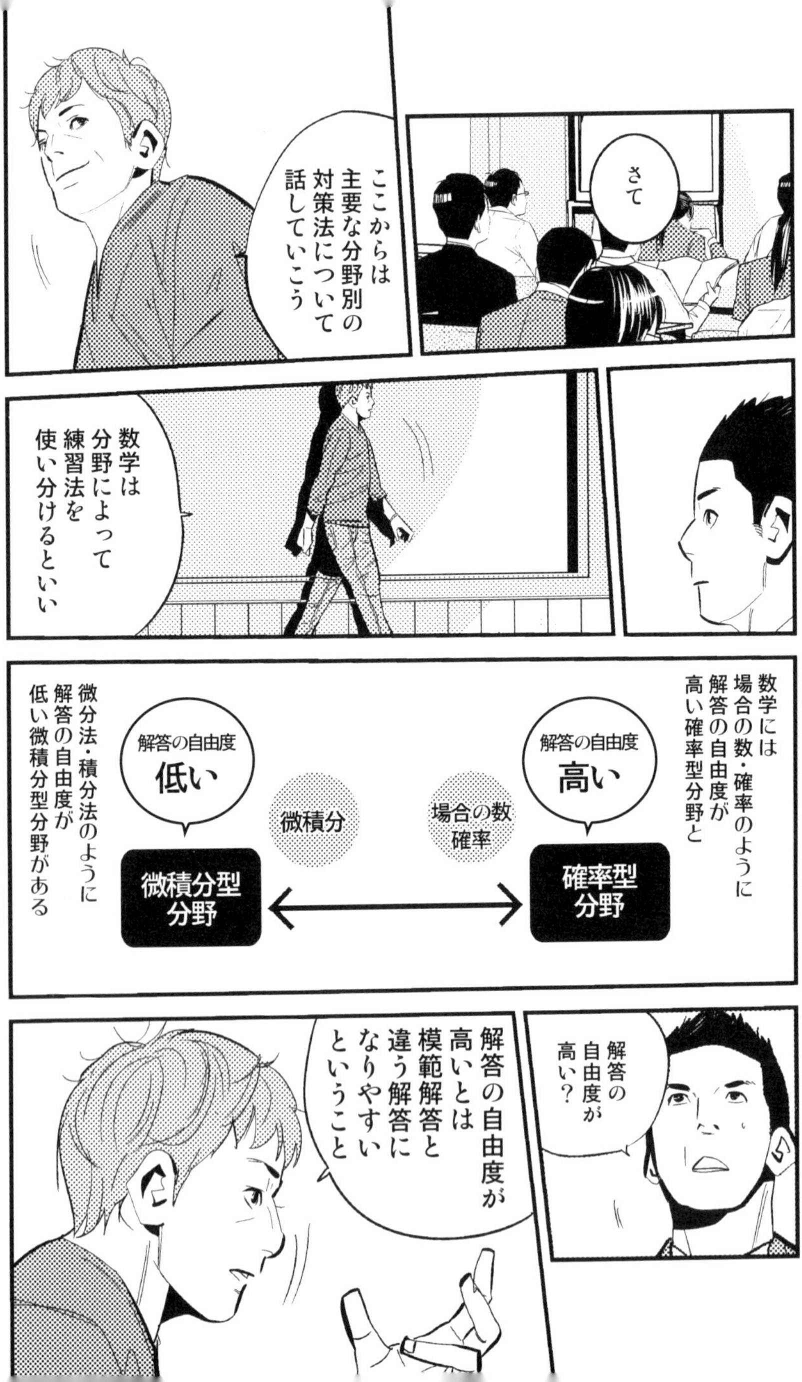

さて
ここからは主要な分野別の対策法について話していこう
数学は分野によって練習法を使い分けるといい
数学には場合の数・確率のように解答の自由度が高い確率型分野と
解答の自由度
高い
場合の数
確率
確率型分野
微積分
解答の自由度
低い
微積分型分野
微分法・積分法のように解答の自由度が低い微積分型分野がある
解答の自由度が高い？
解答の自由度が高いとは模範解答と違う解答になりやすいということ

模範解答と自分の答えが違ってていいのか……？
確率型分野では
むしろそれを大切にしてほしい
自分の考えを大事にしながら
最後まで論理展開する力をつける必要がある
うーんまだ良くわからないぞ……

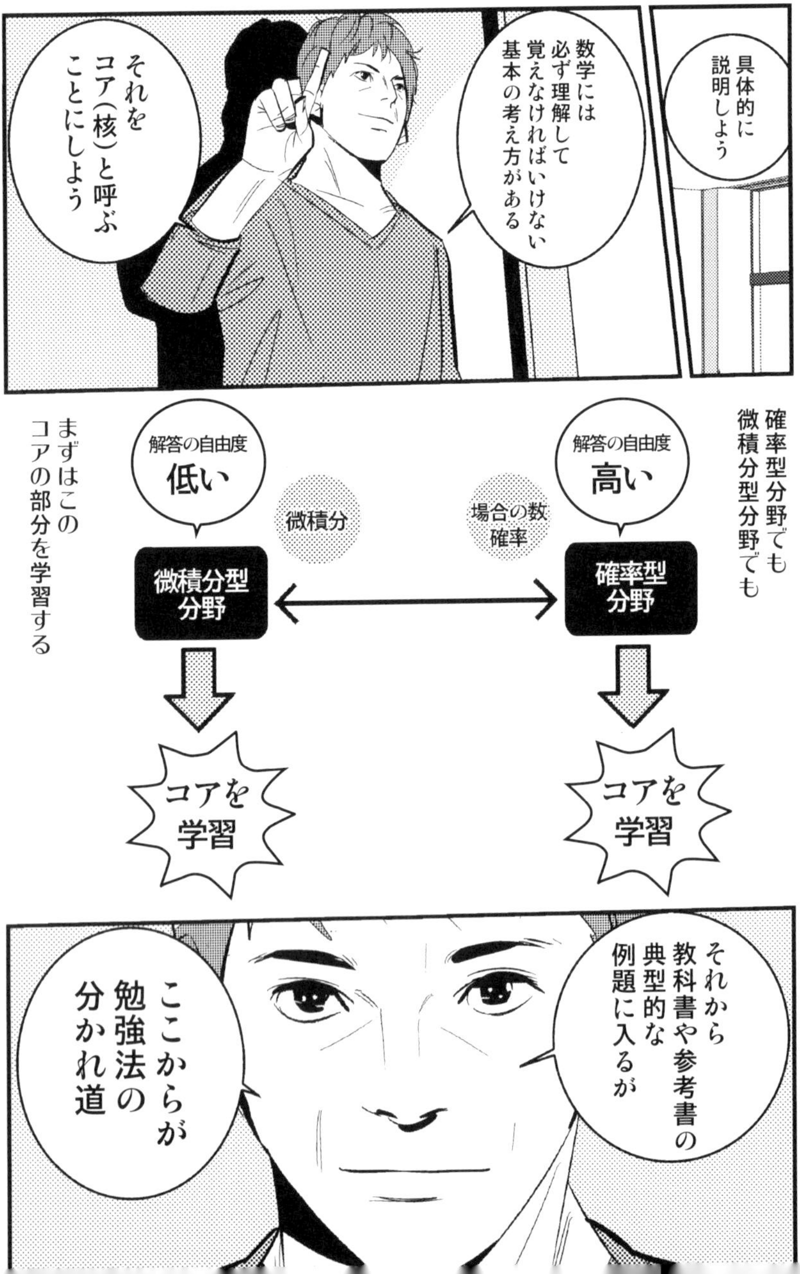
具体的に説明しよう
数学には必ず理解して覚えなければいけない基本の考え方がある
それをコア（核）と呼ぶことにしよう
確率型分野でも微積分型分野でも
解答の自由度 高い
場合の数 確率
確率型分野
コアを学習
解答の自由度 低い
微積分
微積分型分野
コアを学習
まずはコアの部分を学習する
それから教科書や参考書の典型的な例題に入るが
ここからが勉強法の分かれ道

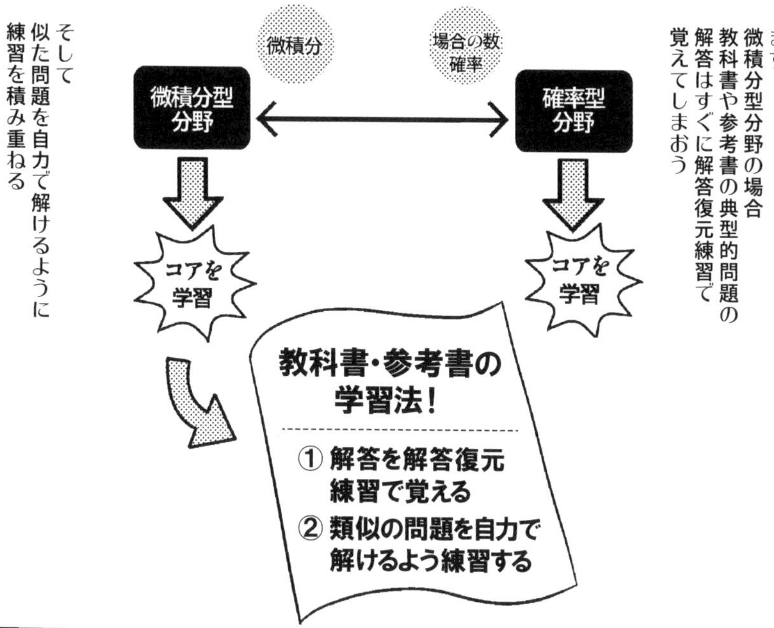
まず
微積分型分野の場合
教科書や参考書の典型的問題の
解答はすぐに解答復元練習で
覚えてしまおう
場合の数
確率
確率型
分野
コアを
学習
微積分
微積分型
分野
コアを
学習
教科書・参考書の
学習法！
① 解答を解答復元
練習で覚える
② 類似の問題を自力で
解けるよう練習する
そして
似た問題を自力で解けるように
練習を積み重ねる

この学習が
とても大事

一方
確率型分野の場合
教科書や参考書の
問題を解くときに
ただ模範解答を
理解するだけでは
不十分

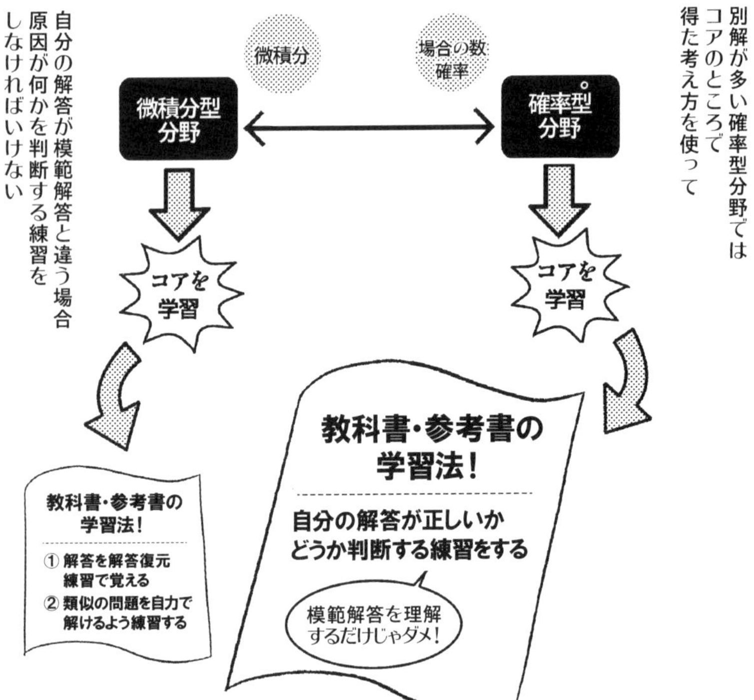
別解が多い確率型分野では
コアのところで
得た考え方を使って
場合の数
確率
確率型分野
コアを学習
微積分
微積分型分野
コアを学習
自分の解答が模範解答と違う場合
原因が何かを判断する練習を
しなければいけない
教科書・参考書の学習法！
自分の解答が正しいかどうか判断する練習をする
模範解答を理解するだけじゃダメ！
教科書・参考書の学習法！
① 解答を解答復元練習で覚える
② 類似の問題を自力で解けるよう練習する

確率型分野で一番大事なのはこの判断練習だ
ドン
この練習量に比例して
数学ができるようになる

判断練習か…
でも……解答が違ってたら間違いだと思っちゃうな～
うん 確かにそうだ
でも確率型分野では模範解答と自分の解答が違う場合
いろんなパターンが考えられる
ただの計算ミスの場合 論理的修正を加えて解答にたどり着ける場合
もちろん自分の解答が根本的に間違っている場合もある
解答○
修正
×
×

大切なのはここで自分の解答がなぜ模範解答と違うのか考えること
一番いけないのは
自分の考え方を捨てて模範解答通りにしなければいけないと
勘違いしてしまうことだ

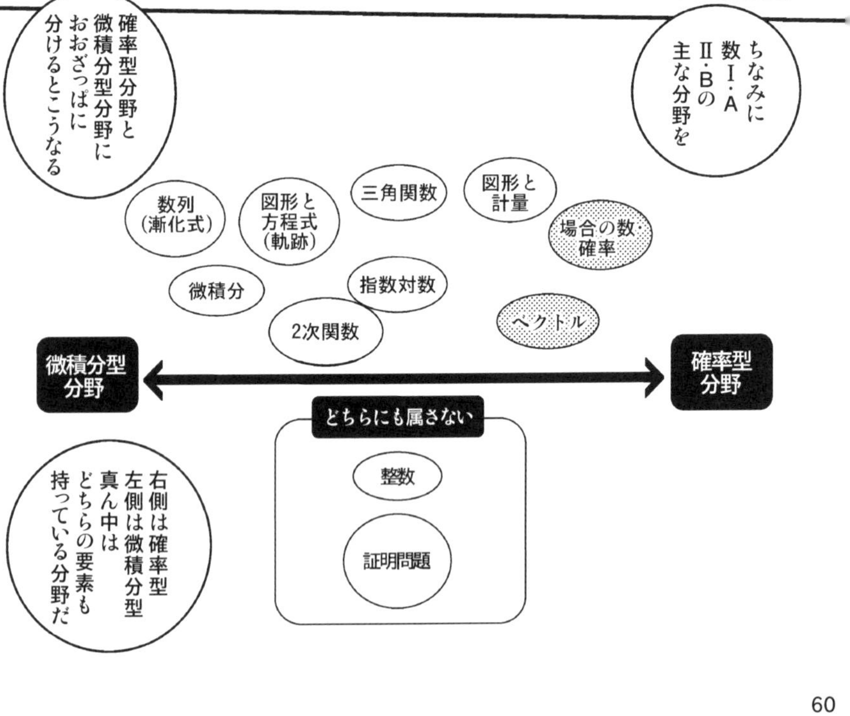
ちなみに数Ⅰ・AⅡ・Bの主な分野を
確率型分野と微積分型分野におおざっぱに分けるとこうなる
数列(漸化式)
図形と方程式(軌跡)
三角関数
図形と計量
場合の数・確率
微積分
指数対数
2次関数
ベクトル
微積分型分野
確率型分野
どちらにも属さない
整数
証明問題
右側は確率型左側は微積分型真ん中はどちらの要素も持っている分野だ

じゃあ確率型の代表的分野場合の数・確率とベクトルの勉強法について詳しく話そう
図形と計量
場合の数・確率
ベクトル
確率型分野
まずは場合の数・確率
・円順列、じゅず数列
・同様に確からしい
・独立な試行
・反復試行の確率
・条件付き確率
・和の法則と積の法則
・順列
・組合せ
・重複順列
・重複組合せ
コアの部分はこんな感じ
コアのとらえ方は人によって変わるから気にしなくていいよ
あくまでも一例だ
まずは教科書でコアの部分の理解から始める
ここで大事なことは様々な違いを意識しながら理解すること
たとえば

順列と組合せの違いはわかる？
ギクッ
え…え～っと…
順列はn個のものから順序を考えてr個選ぶ選び方 記号${}_nP_r$で表す
組合せはn個のものから順序を考えずr個選ぶ選び方 記号${}_nC_r$で表す
え～っと…

たとえば

順列 5人の選手の中から、リレーの第1走者、第2走者、第3走者を選ぶ選び方。

エイエイオー!!

答：${}_5P_3$

選んだ3人の順番を考慮する。

組合せ 円周上に異なる5個の点が並んでいる。このとき、これらの点を頂点とする三角形の個数。

こんな感じで一番代表的な例を頭に入れておこう

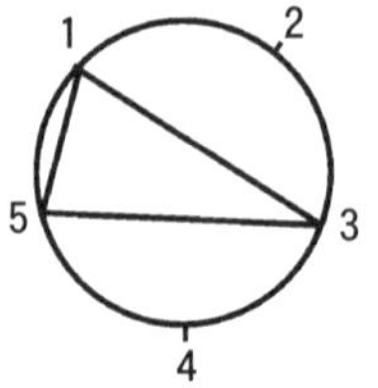

1
2
3
4
5

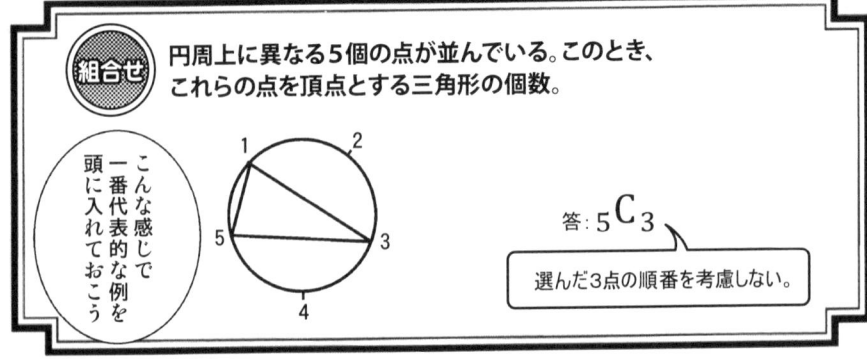

答：${}_5C_3$

選んだ3点の順番を考慮しない。

問題 下図のように４本の平行線とこれに直交する５本の平行線がある。これらの平行線で囲まれる長方形は全部でいくつあるか。

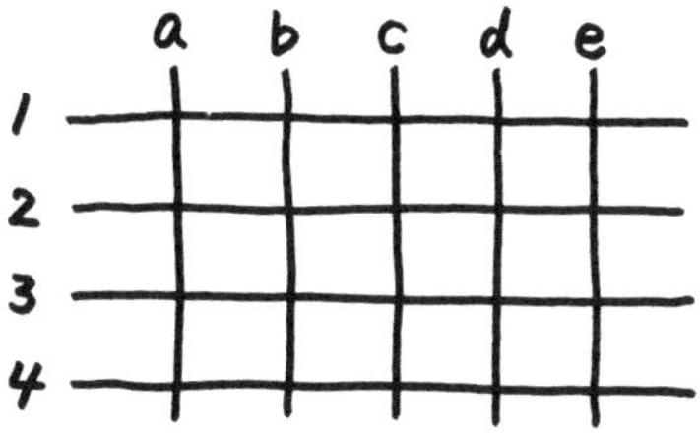

a b c d e
1
2
3
4

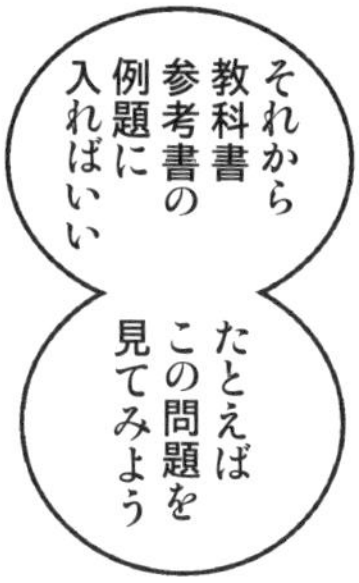

それから教科書参考書の例題に入ればいい
たとえばこの問題を見てみよう

この問題教科書で見たことある……

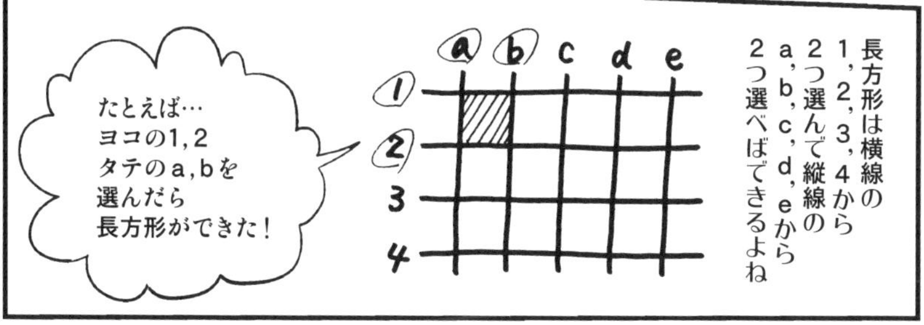

長方形は横線の1，2，3，4から2つ選んで縦線のa，b，c，d，eから2つ選べばできるよね
a b c d e
1
2
3
4
たとえば…
ヨコの1,2
タテのa,bを
選んだら
長方形ができた！

あとはこれを*積の法則でかけ合わせれば良いわけだが
このとき
${}_4C_2 \times {}_5C_2$ と
${}_4P_2 \times {}_5P_2$ の
どちらが
正しいと思う？

用語説明 ***積の法則……**

Aの起こり方がm通り、その各々について Bの起こり方がn通りあるとき、AとBが共に起こる場合の数は$m \times n$通りになる。

例 シャツ3種類、ズボン4種類、帽子5種類の中からそれぞれ1つずつ選ぶとき、何通りの選び方がありますか？

解答 3つを同時に選ぶので、全体の場合の数は、3×4×5＝60となり、60通り。

$_{4}C_{2} \times {}_{5}C_{2}$ です
そうこの場合
1，4と選んでも
4，1と選んでも
できる長方形は
同じだから
a b c d e
1 2 3 4
順列ではなく組合せになる
ヨコの「1,4」でも「4,1」でもできる長方形は同じ
これも…
判断だ
このように問題を解く段階で自分で判断する練習を積むことが重要
そしてここで大事なことは
難しい問題ではなくやさしい問題を多く解くことだ

どうして
だ……？
ここでは
自分で
判断する力を
育てたい
だから
問題を見て
30秒くらいで
判断できるレベルで
かまわない
よし
わかった!!
それと
もうひとつ
類似の問題で
違いを
理解することだ
例を出そう
こんな図形があり
●と●が隣り合わないような並べ方
●●☆□△◇
隣り合ったらダメ！
とあれば
どうやって解く？
どう？

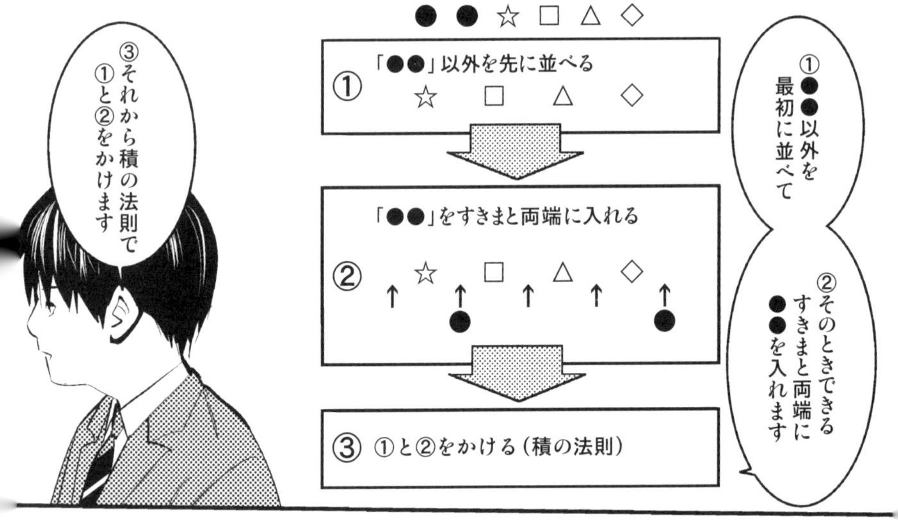
①●●以外を最初に並べて
②そのときできるすきまと両端に●●を入れます
● ● ☆ □ △ ◇
① 「●●」以外を先に並べる
☆ □ △ ◇
② 「●●」をすきまと両端に入れる
☆ □ △ ◇
③ ①と②をかける（積の法則）
③それから積の法則で①と②をかけます

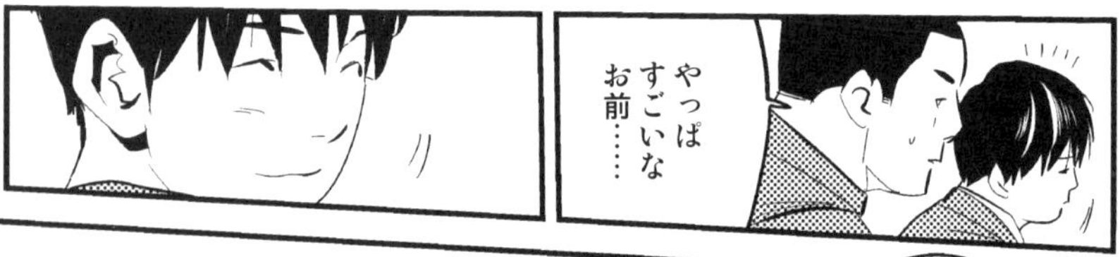
やっぱすごいなお前……

そうだねじゃあ次の二つの問題AとBをくらべてみよう

問題A 男子4人、女子3人が1列に並ぶとき、女子どうしが隣り合わない並び方は何通りあるか。

あ
い
う
え
お
か
き

問題B A, B, C, D, E, E, Eの7文字を1列に並べるとき、Eが隣り合わない並び方は何通りあるか。

A B C D E E E

➡ ①「●●」以外を先に並べる
②「●●」をすきまと両端に入れる
③ ①と②をかける

問題Aでは女子が隣り合わないから
①は男子を並べて…

あ
い
う
え

➡ 4！通り*

一方問題BではEが隣り合わないから
①はA，B，C，Dを並べて…

A
B
C
D

ここまでは一緒だね

➡ 4！通り

用語説明

＊階乗……
自然数nに対して、1～nまでのすべての自然数を乗じたものをnの階乗といい、「n！」と表す。

例 4の階乗

解答 4！＝4×3×2×1＝24

でも②が違う
問題Aも
問題Bも
②は図の
1，2，3，4，5の
5箇所から
3つ選ぶけど
違いがわかるかい？

問題A

①

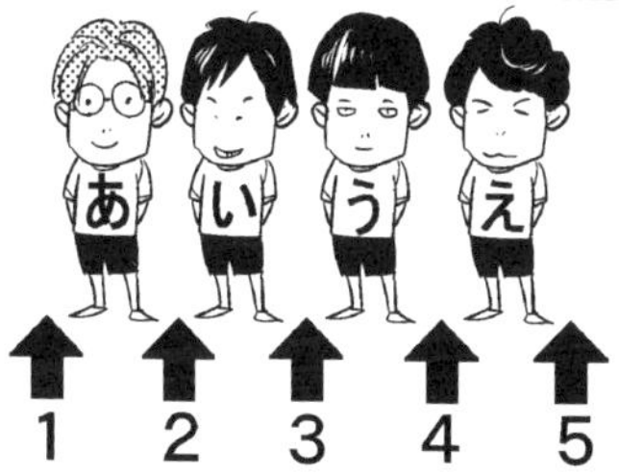
あ
い
う
え
1
2
3
4
5

②

問題B

①

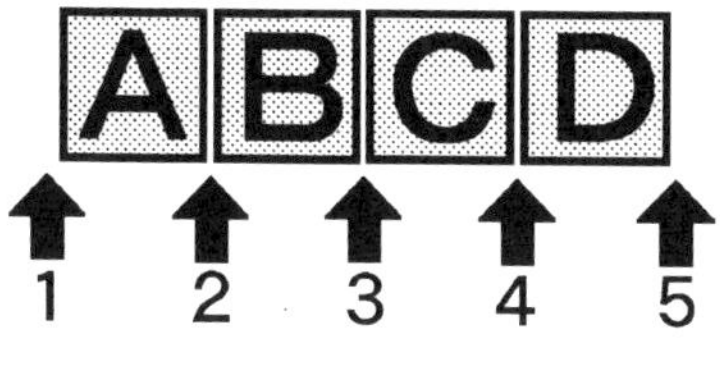
A
B
C
D
1
2
3
4
5

②

君はどう？
え？
え……と
順番を考えて場所を3つ選ぶか
順番を考えないで3つ選ぶか
えと 順番を考えて場所を3つ選ぶか 順番を考えないで3つ選ぶかです
正解！
ありがとう

問題Aでは女子3人が入るので

1，2，4と選んだ場合と4，2，1と選んだ場合では入る女子が違う

だから順番を考慮して3箇所選ぶことになる

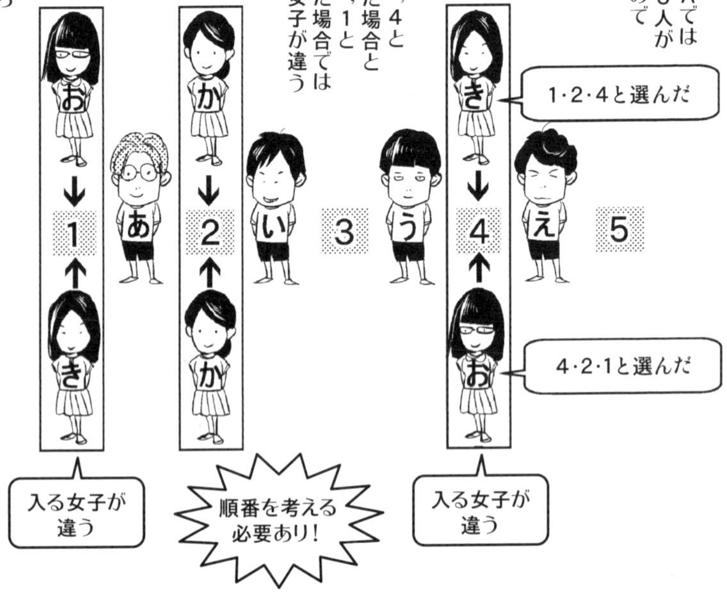
1·2·4と選んだ
4·2·1と選んだ
お
き
か
か
き
お
あ
い
う
え
1
2
3
4
5
入る女子が違う
順番を考える必要あり！
入る女子が違う

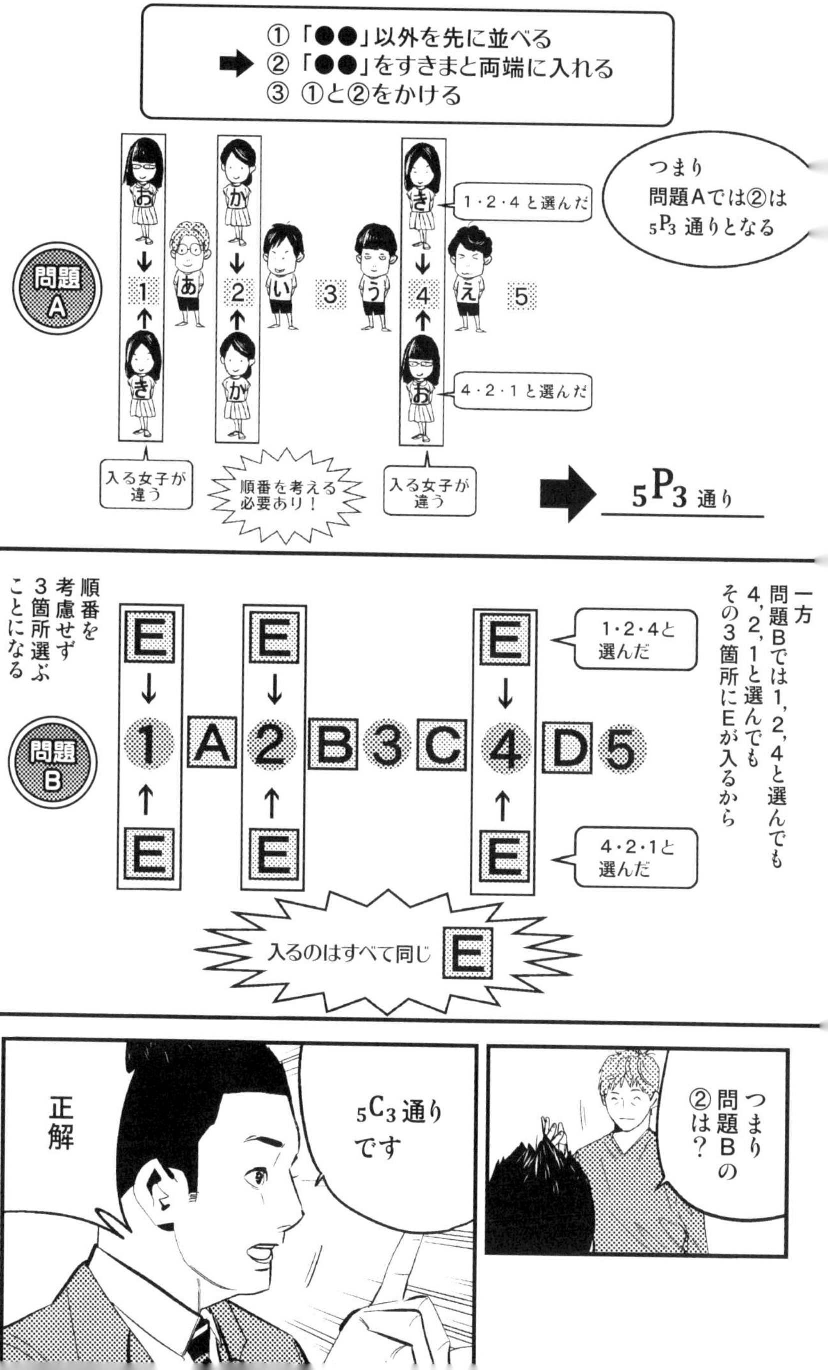
① 「●●」以外を先に並べる
② 「●●」をすきまと両端に入れる
③ ①と②をかける
つまり問題Aでは②は$_5P_3$通りとなる
問題A
お き か か き お
あ い う え
1 2 3 4 5
1・2・4と選んだ
4・2・1と選んだ
入る女子が違う
順番を考える必要あり！
入る女子が違う
$_5P_3$通り
一方 問題Bでは1，2，4と選んでも 4，2，1と選んでも その3箇所にEが入るから
問題B
E E E
1 A 2 B 3 C 4 D 5
E E E
1・2・4と選んだ
4・2・1と選んだ
入るのはすべて同じ E
順番を考慮せず3箇所選ぶことになる
つまり問題Bの②は？
$_5C_3$通りです
正解

じゃあ
問題Aと問題Bの解答わかるかな？
はい
① 「●●」以外を先に並べる
② 「●●」をすきまと両端に入れる
③ ①と②をかける
① × ②
問題A $4! \times {}_5P_3$
問題B $4! \times {}_5C_3$
問題Aの答えは $4! \times {}_5P_3$ 通りで 問題Bの答えは $4! \times {}_5C_3$ 通りです
そのとおり このように 教科書・参考書の 例題レベルの 問題から
その違いを 判断する練習を 積み重ねることで 場合の数・確率を マスターできる
無理に 覚えようとせず 繰り返し 練習しながら 自然に覚えよう
あとこの分野は 自分の解答と 模範解答が 違っていた場合 原因を 追究することが大事

たとえば次の問題を見てごらん

問題 8人を区別のない2つの家に入れる方法は何通りあるか。

区別のない
2つの家
8人
下が模範解答
1
2
3
4
5
6
7
8

模範解答

8人はそれぞれAかBの家を選べる。
つまり1人あたり2通りの入り方があるよ。

①家をA, Bと区別する。1人も入らない空の家があっても良いとして、8人をA, Bの家に入れると、その方法は、

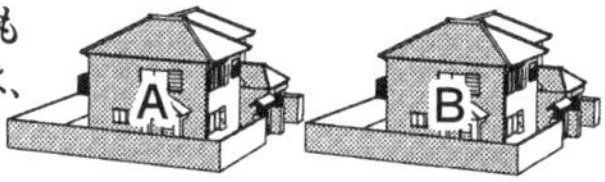
A
B

$2^8 = 256$ 通り

②どちらかの家が空の家の場合を除くと、

$256 - 2 = 254$ 通り

Aが空家の場合
→1通り

Bが空家の場合
→1通り

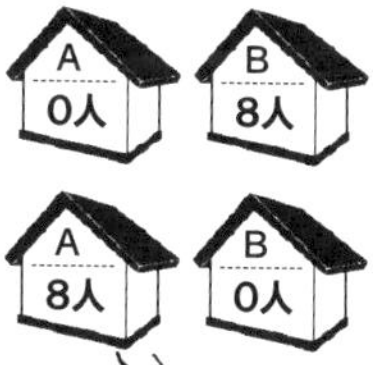
A
0人
B
8人
A
8人
B
0人

③A, Bの区別をなくすと、

$254 \div 2 =$ **127通り**

これが解答だ

でもこんな風に答えてしまったらどうする？

解答 2つの家に入れる場合、人数で場合分けすると…

①	1 1人 2 3 4 7人 7 8	➡ ${}_8C_1$ 通り
②	1 2 2人 3 4 6人 7 8	➡ ${}_8C_2$ 通り
③	1 2 3 3人 4 5 5人 8	➡ ${}_8C_3$ 通り
④	1 2 3 4人 5 4人 8	➡ ${}_8C_4$ 通り

よって、求める答えは

$$\left(\frac{8\cdot1}{1\cdot1}\right)\quad\left(\frac{8\cdot7}{2\cdot1}\right)\quad\left(\frac{8\cdot7\cdot6}{3\cdot2\cdot1}\right)\quad\left(\frac{8\cdot7\cdot6\cdot5}{4\cdot3\cdot2\cdot1}\right)$$

$${}_8C_1+{}_8C_2+{}_8C_3+{}_8C_4=\mathbf{8}+\mathbf{28}+\mathbf{56}+\mathbf{70}$$

$$=\mathbf{162}\ \text{通り}$$

答えが違うし……
間違いじゃないのか……？
うーん……
解答も考え方も違うから間違いだと思ってしまいがちだ
でも確率型分野では解答がどうして違うのかを論理的に考える必要がある
模範解答を理解してこの問題はこのやり方で解くものだと思い込んではダメ

この練習こそが
論理展開の力を養成していく

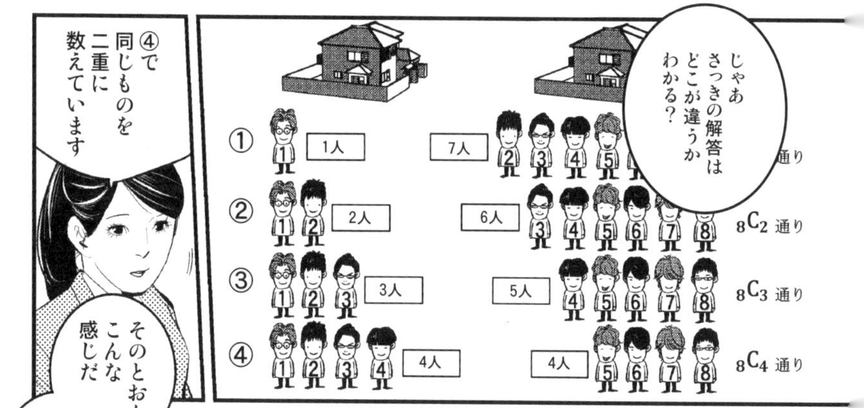
じゃあさっきの解答はどこが違うかわかる?
① 1人 7人 通り
② 2人 6人 ${}_8C_2$ 通り
③ 3人 5人 ${}_8C_3$ 通り
④ 4人 4人 ${}_8C_4$ 通り
④で同じものを二重に数えています
そのとおりこんな感じだ
④は半分の35通りが正解

8人をA, B, C, D, E, F, G, Hとする。${}_8C_4$＝70通りを書き上げてみると…（括弧の中は選ばれなかった4人）

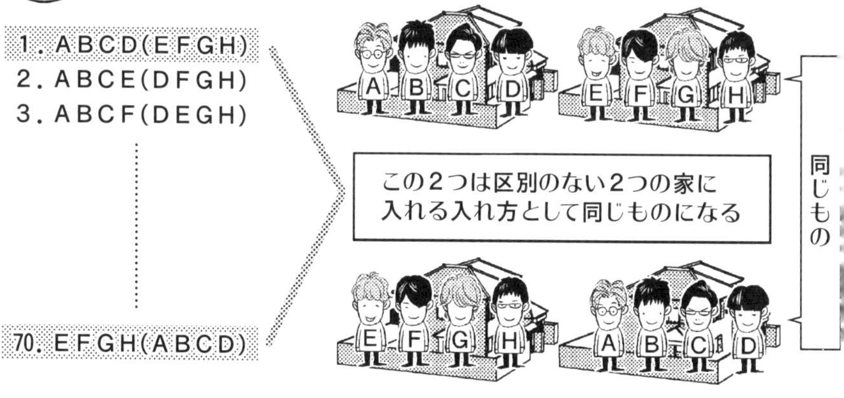
1. ABCD(EFGH)
2. ABCE(DFGH)
3. ABCF(DEGH)
70. EFGH(ABCD)
A B C D
E F G H
この2つは区別のない2つの家に入れる入れ方として同じものになる
同じもの

解答
2つの家に入れる場合、人数で場合分けすると、
①1人、7人　②2人、6人　③3人、5人　④4人、4人
の4つの場合がある。
① は、${}_8C_1$通り
② は、${}_8C_2$通り
③ は、${}_8C_3$通り
④ は、${}_8C_4 \div 2$通り
よって、求める答えは
${}_8C_1+{}_8C_2+{}_8C_3+{}_8C_4 \div 2 = 8+28+56+35$
$= 127$ 通り
正しい答えはこう
模範解答と同じになった……!
このようにこの分野は自分が正しい論理を貫いていれば
よーーし!!
解答○
修正
たとえ模範解答と解く手順が違っていても必ず正解にたどり着ける
確率型分野は間違っていたときの考察がとても重要だ
また具体的に書き出してイメージしてみるのも大事だよ
ちなみにこの場合人数を少なくしてイメージするのも一つの手だ

問題 **4人を区別のない2つの家に入れる方法は何通りあるか。**

たとえば
人数を8人から4人にすると間違いに気づきやすい

解答 2つの家に入れる場合、人数で場合分けすると、
①1人、3人 ②2人、2人の2つの場合がある。

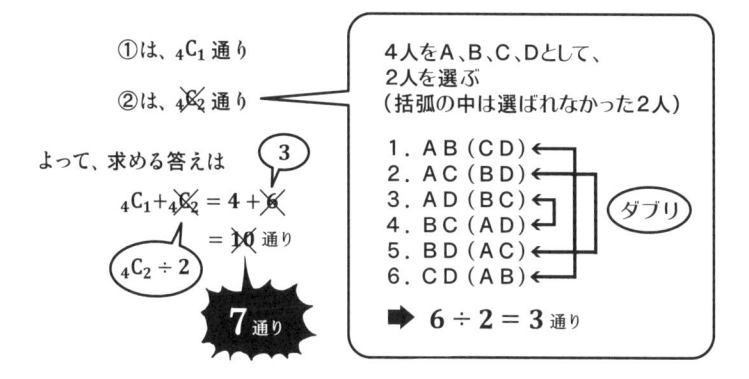

①は、${}_4C_1$ 通り

②は、~~${}_4C_2$~~ 通り

4人をA、B、C、Dとして、
2人を選ぶ
（括弧の中は選ばれなかった2人）

1．AB（CD）
2．AC（BD）
3．AD（BC）
4．BC（AD）
5．BD（AC）
6．CD（AB）

ダブリ

➡ $6 \div 2 = 3$ 通り

よって、求める答えは

$${}_4C_1 + {}_4C_2 = 4 + 6$$

3

$$= 10 \text{ 通り}$$

${}_4C_2 \div 2$

7通り

最後に
場合の数・確率で
最高の問題集を
紹介しよう
それは
センター試験の
過去問！

これらは まさにコアの部分 そして教科書の 例題などで得た 判断力を使って 解く練習に最適だ
もちろん 国公立2次試験も 良い問題は たくさんある
でもこれらは 『1つのサイコロを n回投げる』 のように数列と 融合した問題が多い
だから純粋に 場合の数・ 確率の力を 上げるには 適さないんだ
よし じゃあ次は ベクトルの 話をしよう
ベクトル か……
？
ベクトル？
ベクトル とは
大きさと 向きを考える 量のこと

……
むむ…
とだけ言ってもピンとこないだろうから
具体例を出そう
サッカーボールがカゴの中に3つ入っている
TOSHINS 10
その中にさらに4つサッカーボールを入れたらカゴの中には合計何個のサッカーボールがある？
7つ…だよな？
うーん…
え？高満なんで悩んで……
えっ？
いくつ？
ギクッ
え〜っと違うかもですが…
7？
正解！
わざとか！

じゃあ今度はこんな問題を出してみよう
東に3km
北に4km
出発点
君はこれから北に4キロ歩きその後東に3キロ歩く
出発点から何キロ離れた所にいるかわかるかな?
出発点からナナメに測れば距離が…わかります
そう
出発点からの距離は5キロ
東に3km
北に4km
出発点
5km
『サッカーボールの個数』は4+3で求められるが
この問題はそうはいかない

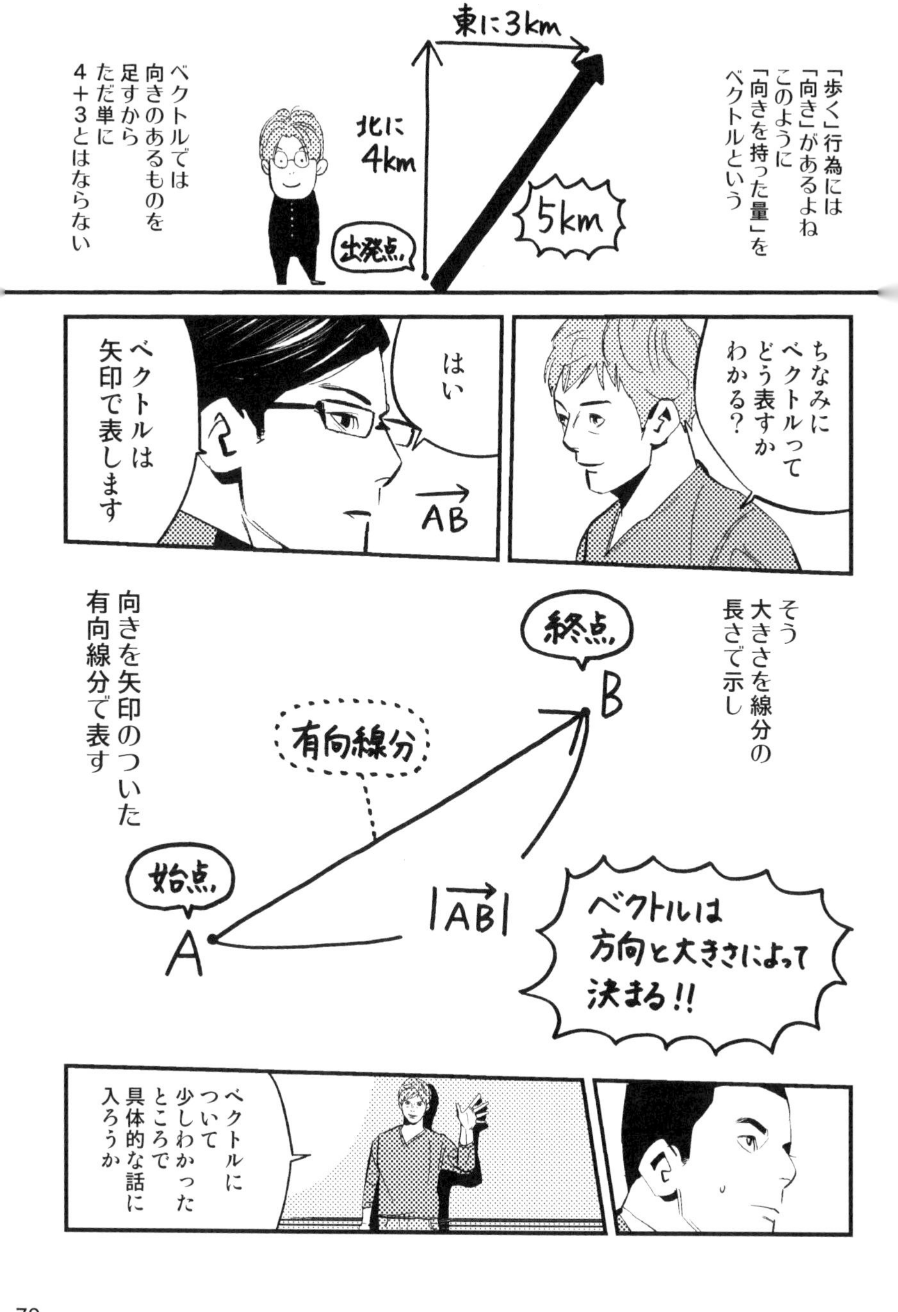
「歩く」行為には「向き」があるよね
このように「向きを持った量」をベクトルという
東に3km
北に4km
5km
出発点
ベクトルでは向きのあるものを足すからただ単に4＋3とはならない
ちなみにベクトルってどう表すかわかる?
はい
ベクトルは矢印で表します
$\overrightarrow{AB}$
そう大きさを線分の長さで示し
向きを矢印のついた有向線分で表す
終点
B
有向線分
始点
A
$|\overrightarrow{AB}|$
ベクトルは方向と大きさによって決まる!!
ベクトルについて少しわかったところで具体的な話に入ろうか

ベクトル分野の問題は主に3つ
Ⅰ点の決定
Ⅱ証明問題
Ⅲ計量*
に関する問題だ

＊計量……長さ、角度、面積、体積などを求めること。

ここで一番大事なのはズバリ
Ⅰ点の決定

点はパラメーター（文字）を使って表す

そして*点の決定要因から方程式を立てて点を決定する

たとえば直線AB上に点Pがあるときパラメーター（t）を使用すると①〜⑥のように表せる

① $\overrightarrow{AP} = t\overrightarrow{AB}$

② $\overrightarrow{BP} = t\overrightarrow{BA}$

③ $\overrightarrow{PA} = t\overrightarrow{PB}$

④ $\overrightarrow{AP} = t\overrightarrow{BA}$

⑤ $\overrightarrow{BP} = t\overrightarrow{AB}$

⑥ $\overrightarrow{PB} = t\overrightarrow{AP}$

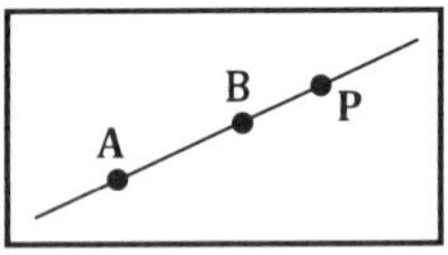
A
B
P

点を表す方法はまだまだたくさんあるよ！

＊P.82,83で説明しているよ！

ちなみに教科書・参考書で一番多いのは①だ

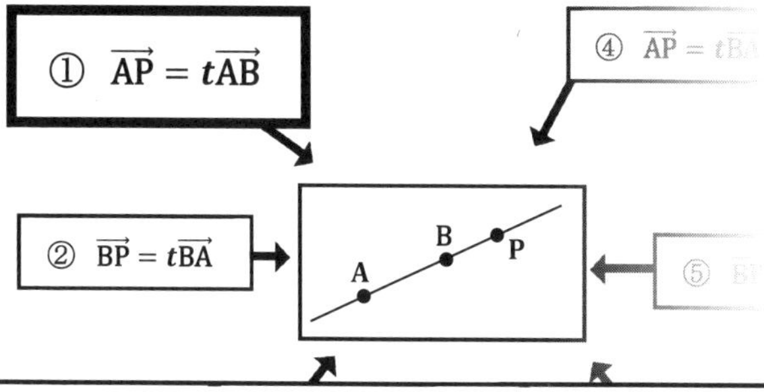

① $\overrightarrow{AP}=t\overrightarrow{AB}$
② $\overrightarrow{BP}=t\overrightarrow{BA}$
④ $\overrightarrow{AP}=t\overrightarrow{BA}$
⑤
A
B
P

この導き出し方を簡単に説明しよう

◆ベクトルの平行条件◆

$\vec{a}\,/\!/\,\vec{b}$のとき、$\vec{b}=t\vec{a}$と表せる

上の条件を使う

直線AB上に点Pがあるとき

$\overrightarrow{AP}\,/\!/\,\overrightarrow{AB}$

なので

$\overrightarrow{AP}=t\overrightarrow{AB}$

となる

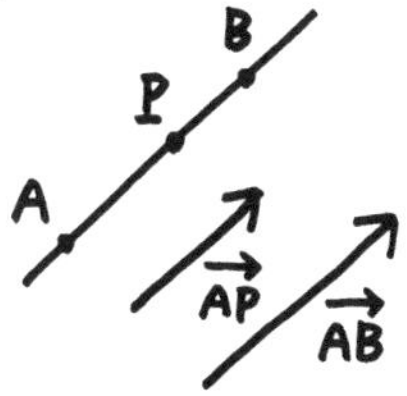

B
P
A
$\overrightarrow{AP}$
$\overrightarrow{AB}$

また①を変形してこんな風に表してもいい

①を変形　$\overrightarrow{OP}=(1-t)\,\overrightarrow{OA}+t\overrightarrow{OB}$

変形の過程

① $\overrightarrow{AP}=t\overrightarrow{AB}$

より

$\overrightarrow{OP}-\overrightarrow{OA}=t(\overrightarrow{OB}-\overrightarrow{OA})$

$\therefore \overrightarrow{OP}=(1-t)\overrightarrow{OA}+t\overrightarrow{OB}$

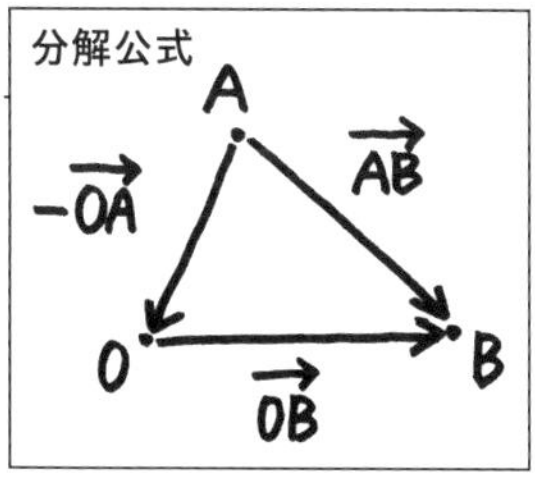

分解公式
A
$\overrightarrow{AB}$
$-\overrightarrow{OA}$
O
B
$\overrightarrow{OB}$

ほかの表し方でも全く問題ないよ

場合の数・確率と同じでこの分野はここに解答の自由度がある
①でなければいけない理由はないことがほとんどだ

たとえば②で解いたとする
②で解いたけど
② $\overrightarrow{BP} = t\overrightarrow{BA}$
当たってるかな…？
すると①で解いたときのtとは違う値になるから自分の解答が正解かどうか確認する必要がある
大切なことは自分の考え方が合っていれば正しい答えが出るということなんだ
じゃあ点の決定要因について
点の決定要因…
？
たとえば直線AB上に点Pがあるという情報だけでは点は決定できないなぜかわかる？
A
B
P
直線AB上のどこに点Pがあるかわからないからです

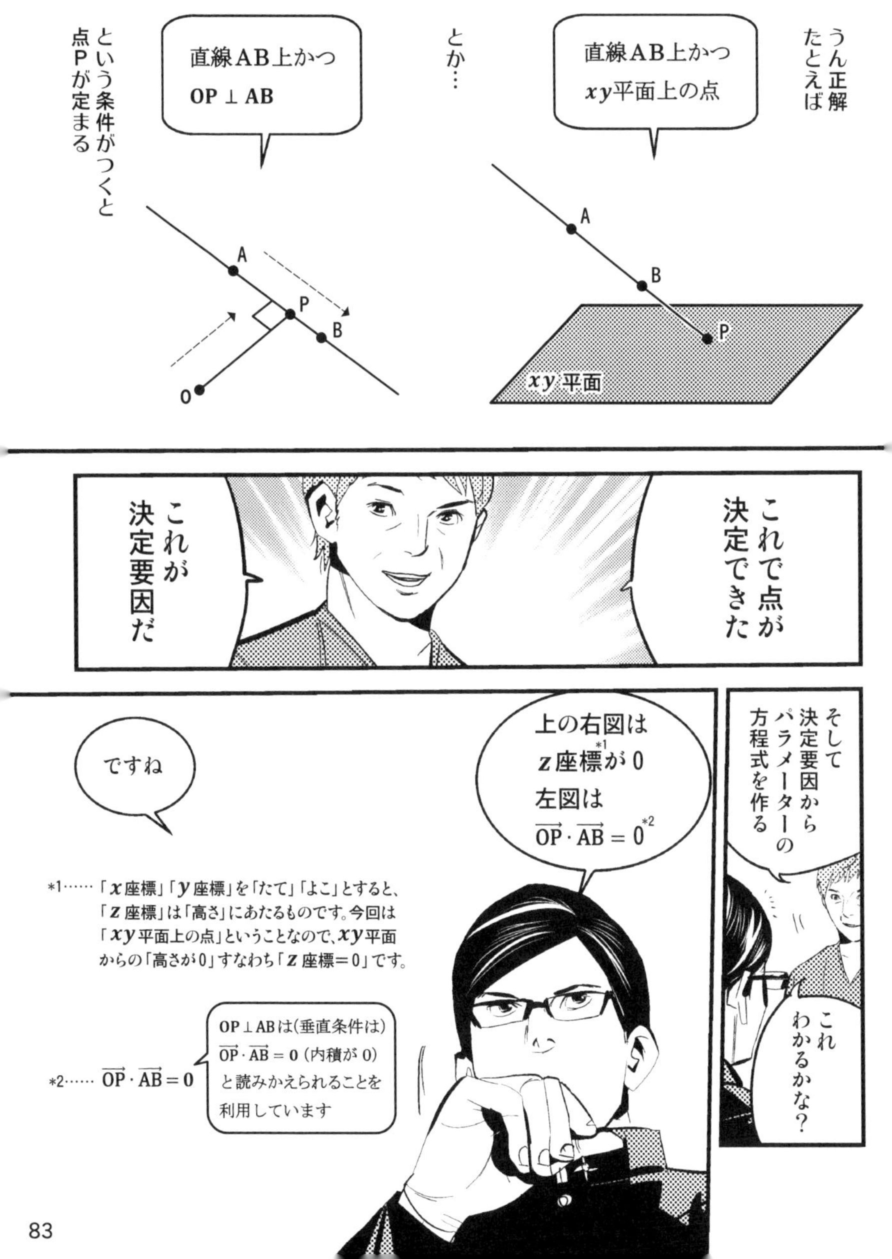

うん正解 たとえば
直線AB上かつ xy平面上の点
A
B
P
xy 平面
とか…
直線AB上かつ OP ⊥ AB
という条件がつくと点Pが定まる
A
P
B
O
これで点が決定できた
これが決定要因だ
そして決定要因からパラメーターの方程式を作る
これわかるかな?
上の右図は z座標[*1]が 0 左図は $\overrightarrow{OP}\cdot\overrightarrow{AB}=0$[*2]
ですね

*1……「x座標」「y座標」を「たて」「よこ」とすると、「z座標」は「高さ」にあたるものです。今回は「xy平面上の点」ということなので、xy平面からの「高さが0」すなわち「z座標＝0」です。

*2…… $\overrightarrow{OP}\cdot\overrightarrow{AB}=0$ OP ⊥ ABは(垂直条件は) $\overrightarrow{OP}\cdot\overrightarrow{AB}=0$（内積が 0）と読みかえられることを利用しています

そのとおり！
つまり点の決定はこの手順で行ってほしい
① 点をパラメーターを使って表す
② 問題文から点の決定要因を読み取る
③ パラメーターに関する方程式を作り、解く
①は直線上に点がある場合平面上に点がある場合
空間内に点がある場合などでも解答できるようにすること
自分の考えを大事にしながらいろんな典型問題を解くことが大切
次は計量問題だ
長さ角度面積は次の公式で与えられる

長さ	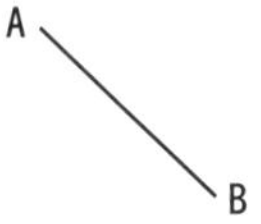	$\left\|\overrightarrow{AB}\right\|^2=\left\|\vec{b}-\vec{a}\right\|^2=\left\|\vec{b}\right\|^2-2\vec{a}\cdot\vec{b}+\left\|\vec{a}\right\|^2$
角度	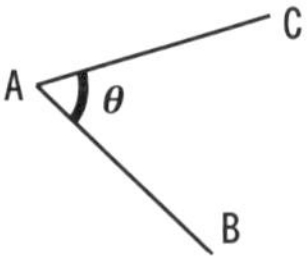	$\cos\theta=\dfrac{\overrightarrow{AB}\cdot\overrightarrow{AC}}{\left\|\overrightarrow{AB}\right\|\left\|\overrightarrow{AC}\right\|}$
面積	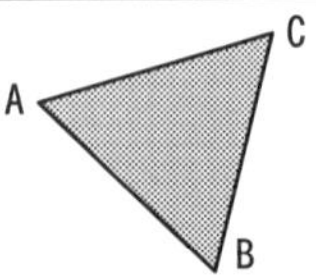	$\triangle ABC=\dfrac{1}{2}\sqrt{\left\|\overrightarrow{AB}\right\|^2\left\|\overrightarrow{AC}\right\|^2-\left(\overrightarrow{AB}\cdot\overrightarrow{AC}\right)^2}$

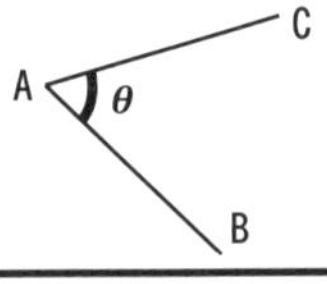

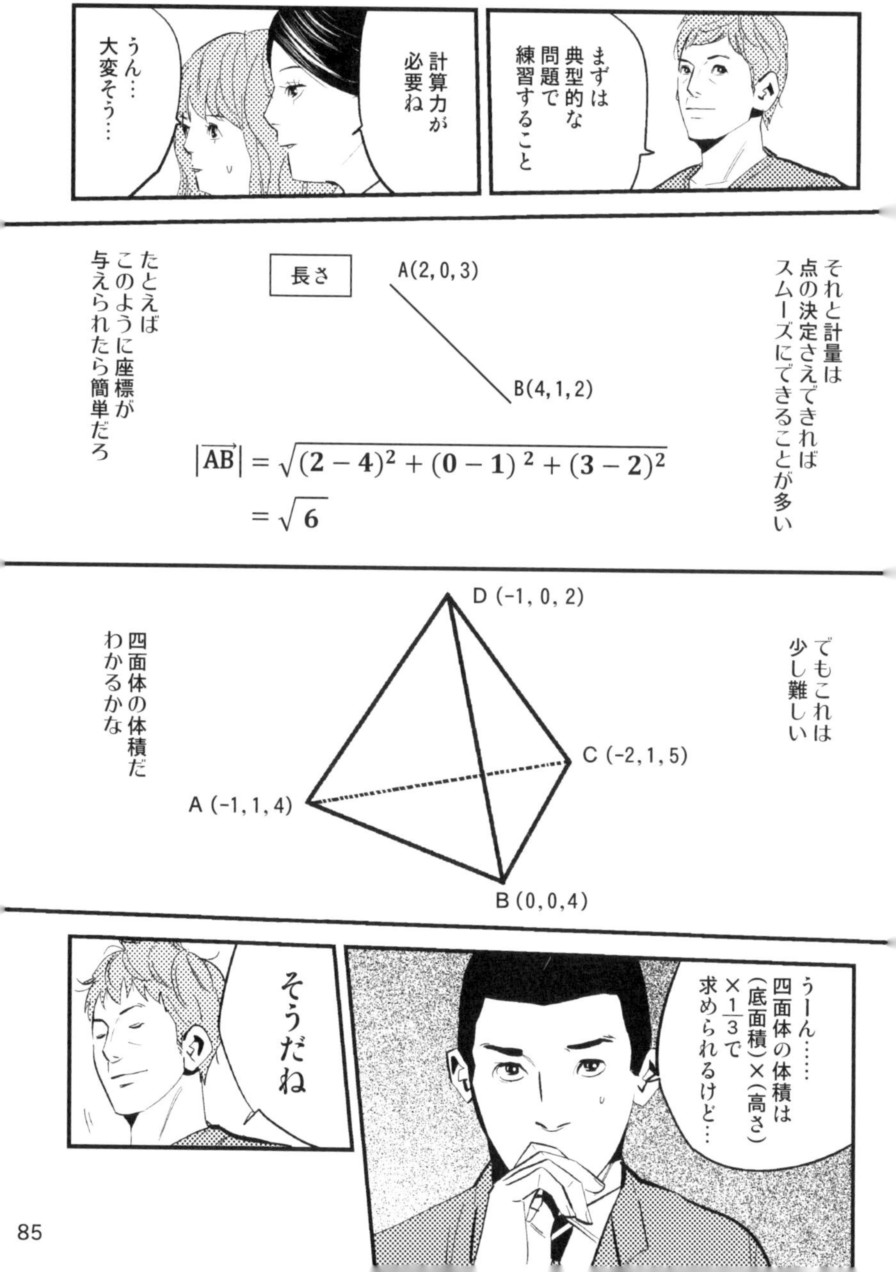
まずは典型的な問題で練習すること
計算力が必要ね
うん…大変そう…
それと計量は点の決定さえできればスムーズにできることが多い
長さ
A(2, 0, 3)
B(4, 1, 2)
$|\overrightarrow{AB}|=\sqrt{(2-4)^2+(0-1)^2+(3-2)^2}$
$=\sqrt{6}$
たとえばこのように座標が与えられたら簡単だろ
でもこれは少し難しい
D (-1, 0, 2)
C (-2, 1, 5)
A (-1, 1, 4)
B (0, 0, 4)
四面体の体積だわかるかな
うーん……四面体の体積は(底面積)×(高さ)×$\frac{1}{3}$で求められるけど…
そうだね

点Dから平面ABCに下ろした垂線の足Hさえ出れば

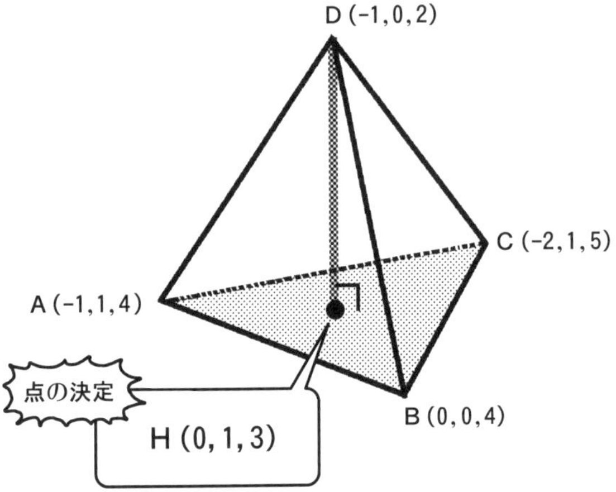
D (-1, 0, 2)
C (-2, 1, 5)
A (-1, 1, 4)
B (0, 0, 4)
点の決定
H (0, 1, 3)

底面積△ABCと高さDHを求めて体積は簡単に求まる

結局大切なのは
点の決定
ド
四面体の体積の問題で言えば
どこを底面積にとりどこを高さにとるかも重要だ
体積比を利用する場合もあるこれも判断練習だ
大切なことは
自力で見つけるという経験をより多く積むことだ

最後に練習をするうえで心がけてほしい
大切なポイントを2つ示そう
① 難題を選ばず、すぐに気づけるような練習問題でOK
② 時間を気にせず自力で見つけるようにすること
自力で見つける経験がないと図形問題は大変だろう
これは数学Ⅰの『図形と計量』にも言えることだよ
第2講はここまで
次はコラム的な話をしよう

確率型分野の勉強法

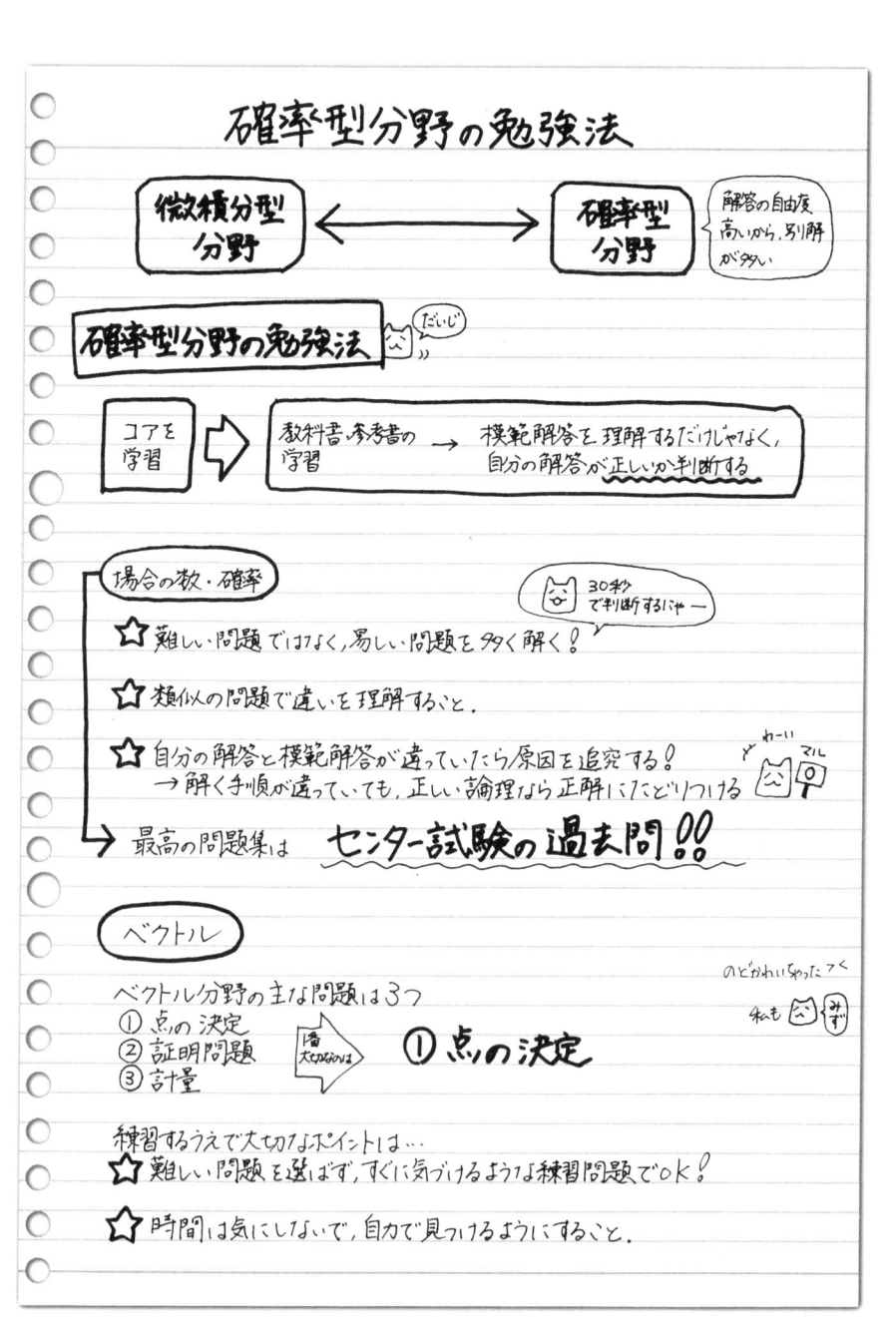

微積分型分野 ⟷ 確率型分野

解答の自由度高いから、別解が多い

確率型分野の勉強法

コアを学習 ⇒ 教科書、参考書の学習 → 模範解答を理解するだけじゃなく、自分の解答が正しいか判断する

場合の数・確率

☆ 難しい問題ではなく、易しい問題を多く解く！

☆ 類似の問題で違いを理解すること。

☆ 自分の解答と模範解答が違っていたら原因を追究する！
→ 解く手順が違っていても、正しい論理なら正解にたどりつける

→ 最高の問題集は **センター試験の過去問!!**

ベクトル

ベクトル分野の主な問題は3つ
① 点の決定
② 証明問題
③ 計量

1番大切なのは ⇒ **① 点の決定**

練習するうえで大切なポイントは…

☆ 難しい問題を選ばず、すぐに気づけるような練習問題でOK！

☆ 時間は気にしないで、自力で見つけるようにすること。

コラム
〜計算ミスを減らすためには〜
さて ちょっと 息抜き的な 話をしよう
ところで
君たちは 計算ミスって する？
よく します……
私も……
うん みんな そうだよね
——でも

計算ミスは確実に減らせるんだ
たとえば数学が得意な人と数学が苦手な人がせーので同じ問題を解いたとしよう
せーの…
実はこの2人それぞれ異なる方法で解いている場合が多い
数学得意
数学苦手
どういうこと……?
数学が得意な人ほど
計算ミスをしにくい方法を選んでいるんだ

得意な人のパターン

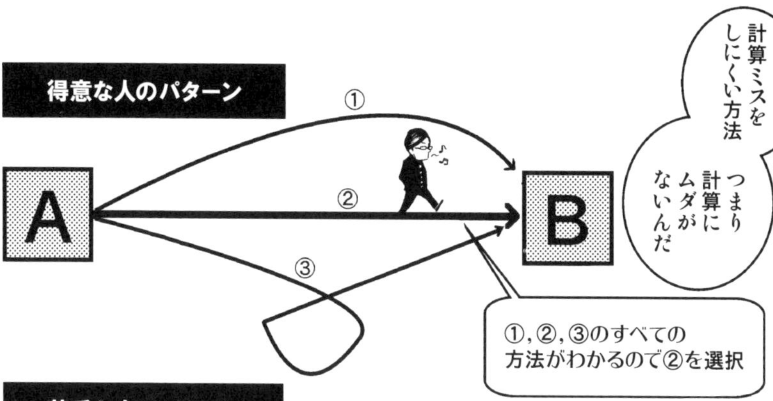
計算ミスをしにくい方法
つまり計算にムダがないんだ
①
②
③
A
B
①, ②, ③のすべての
方法がわかるので②を選択

苦手な人のパターン

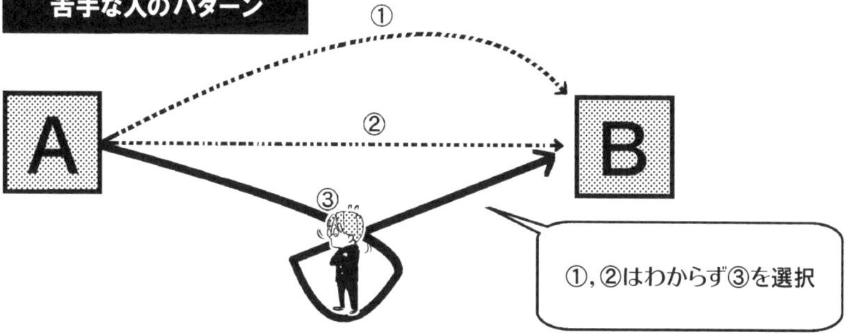
①
②
③
A
B
①, ②はわからず③を選択

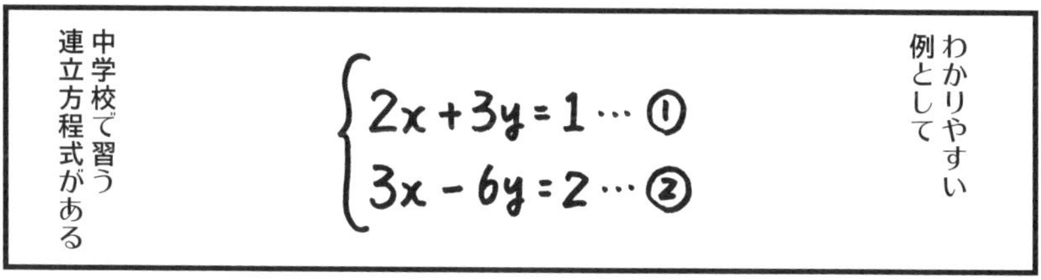
わかりやすい例として
$\begin{cases} 2x+3y=1 \cdots ① \\ 3x-6y=2 \cdots ② \end{cases}$
中学校で習う連立方程式がある

この場合中学生だと代入法で解いて失敗したり
くく…
代入法だと…
①の式を「y=」の形にする
$3y=-2x+1$
$y=\frac{-2x+1}{3}$
代入!!
②の式 $3x-6y=2$
*加減法でもxを消してしまうことがある

*加減法……式と式を足したりして解く方法。

でも高校生だと
計算の見通しが立てられるから
効率の良い方法で解ける
×2 ×2 ×2
$2x+3y=1$ …①
$3x-6y=2$ …②
$4x+6y=2$
$+)\ 3x-6y=2$
$7x\quad=4$
$x=\frac{4}{7}$
xが出た！
yが消えた！
この場合
加減法で①の式を2倍して
②の式と足して
yを消去すれば良い
中学レベルだと
無駄な計算をして
間違う人もいるけど
中学レベル
高校レベル
スラ スラ…
高校の学力が
ついてくると
間違いは減ってくる
じゃあ俺ら
高校生は
どうすれば
……？
まず言うが
計算ミスは
必ずする
だから
計算ミスを
防ごうとするのは
あきらめること

じゃあ基本どうにもならないってこと……？
え…
そういうわけではない
ミスを防ぐより
探す方が賢いってことだ
ミスを探す？
ミスは
検算*で発見できる
検算…
検算をするために知っておいてほしいことが
2つあるんだ
＊検算……計算の結果が正しいかどうかを確かめる計算。

その1
① 計算ミスの割合
自分がどれくらいの割合で計算ミスをするのか自己分析する
僕はだいたい60分のテストで計算ミスが3つくらいかな
えーと…
俺はもっと多いな…
ぐっ…
半分くらいだろ
おう…ってうっせ!
実際のテストでは問題を解きながら検算した方がいい箇所に印をつけさらに優先順位もつけよう
これ1番
あとで検算
そして一通り問題を解いたら優先順位が高い順に検算を始める
僕は高校生の頃からいつもこの方法を実践している
自分の計算ミスの予想が3つで
よし3つ発見!
もし試験時間内に3つほど計算ミスを見つけることができればそれでヨシとしているんだ

② 自分の計算の得意・不得意分野を知ること
その2
これは計算の実力を知るためにとっても大切なことだ
たとえば連立方程式の解法が弱いとか積分の数値計算が弱いとか
苦手な問題は丁寧に計算するべきだし検算の優先順位を高くする必要がある
基本的に検算は計算をもう一度追っていくことになる
でも全く同じ計算をすると同じ間違いをしやすい
たとえば
4－1＝5と間違った人は
検算するときも
4－1＝5とやってしまう
うう…
検算したけど間違えた…

こういう
うっかりミスは
指摘されるまで
気づかない
だから
一番いい
方法は
別解を
考えて
検算
すること!
別解なんて
思いつかない
ぞ……
難しく
考えないで
つまり
別の計算方法って
ことだ
たとえば
次の問題

問題 $5+(-3)+6+(-7)$

最初は
5+(−3)+6+(−7)
を順番通りに計算
検算のときは
プラスとマイナスで
まとめて計算する

検算

$(5+6)-(3+7)$

$=11-10$

$=1$

最初の計算

$5+(-3)=2$

$2+6=8$

$8+(-7)=1$

これならできるかも……
じゃあ次これは2点を通る直線の方程式

問題 **2点(2,5), (4,9)を通る直線の方程式を求めよ。**

公式

異なる 2 点(x_1, y_1), (x_2, y_2)を通る直線の方程式

$$y - y_1 = \underbrace{\frac{y_2 - y_1}{x_2 - x_1}}_{\text{傾き}}(x - x_1)$$

公式はコレ!

解答と検算を下に示そう

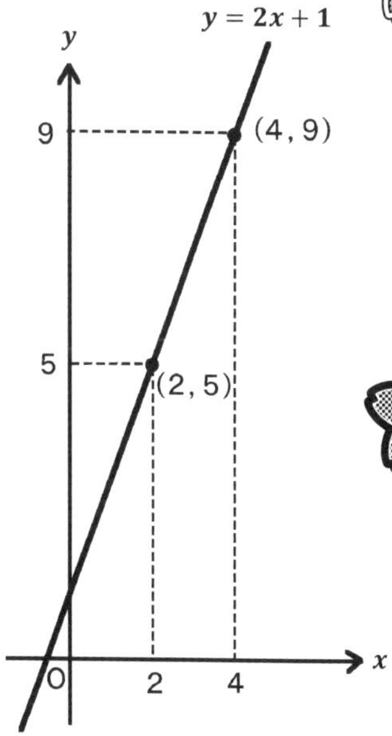

$y = 2x + 1$
y
x
9
5
O
2
4
(4, 9)
(2, 5)

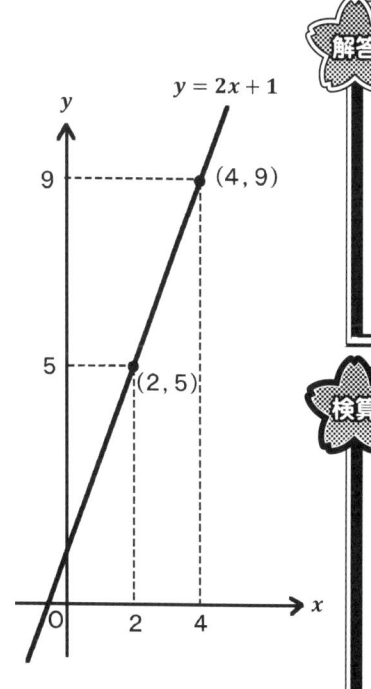

解答

公式にあてはめると・・・

傾きは $\frac{9-5}{4-2} = 2$ より ＜ $\begin{matrix} x_1 & y_1 \\ (2, & 5) \\ x_2 & y_2 \\ (4, & 9) \end{matrix}$

$y - 5 = 2(x - 2)$

$y = 2(x - 2) + 5$

$y = 2x + 1$ ・・・・・・ 答

検算

検算では通る点の選び方を変えよう

公式

$$y - y_2 = \frac{y_2 - y_1}{x_2 - x_1}(x - x_2)$$

$y - 9 = 2(x - 4)$

$y = 2(x - 4) + 9$

$y = 2x + 1$ ・・・・・・ 答

合ってる!

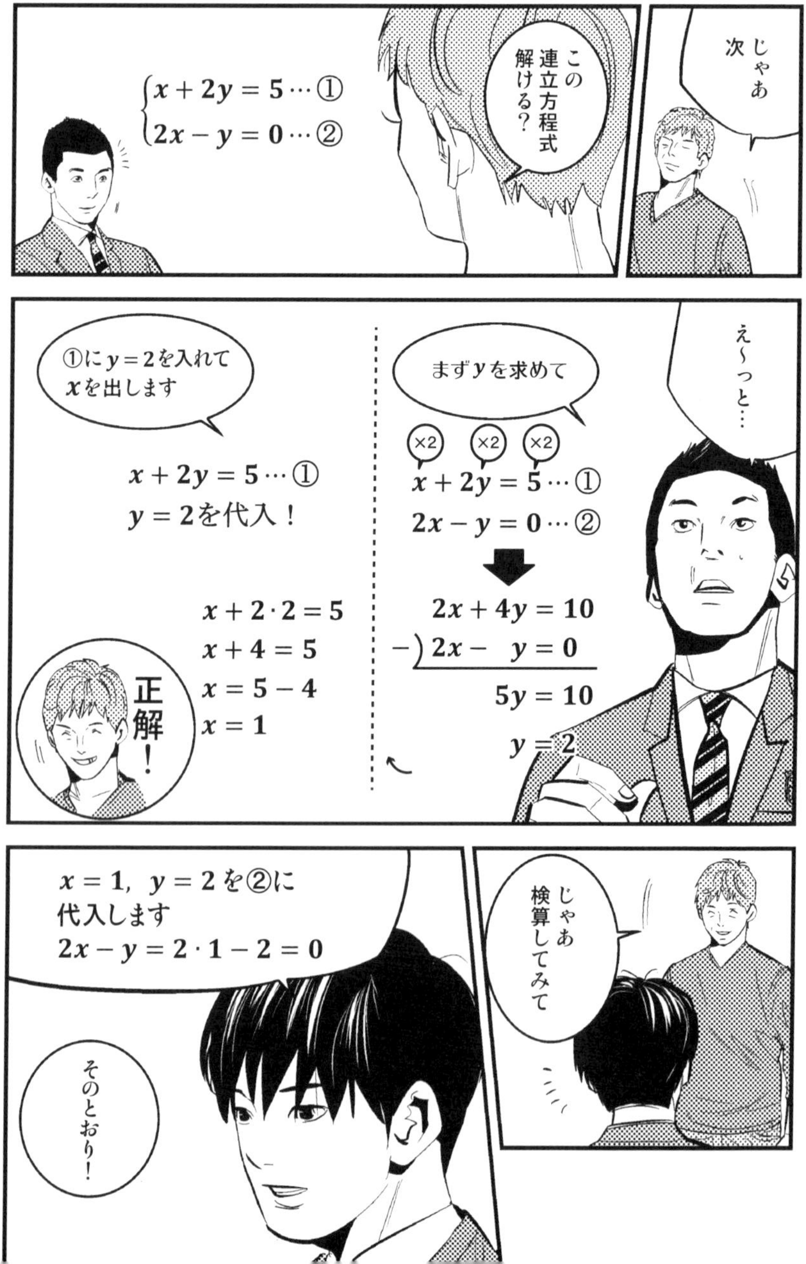
じゃあ次
この連立方程式解ける？
$\begin{cases} x + 2y = 5 \cdots ① \\ 2x - y = 0 \cdots ② \end{cases}$
え～っと…
まずyを求めて
$\times 2$ $\times 2$ $\times 2$
$x + 2y = 5 \cdots ①$
$2x - y = 0 \cdots ②$
$2x + 4y = 10$
$-)\ 2x - y = 0$
$5y = 10$
$y = 2$
①に$y=2$を入れてxを出します
$x + 2y = 5 \cdots ①$
$y = 2$を代入！
$x + 2 \cdot 2 = 5$
$x + 4 = 5$
$x = 5 - 4$
$x = 1$
正解！
じゃぁ検算してみて
$x = 1$, $y = 2$を②に代入します
$2x - y = 2 \cdot 1 - 2 = 0$
そのとおり！

ほかにどんな検算方法があるかな?

xではなくyを消すことでも検算になります

$$x + 2y = 5 \cdots ①$$

$$+)\ 2x - y = 0 \cdots ②$$

（x、y、0 の上にそれぞれ ×2）

yを消すには②に×2をすればいいよね!

いい発想だ

別解というと難しそうなイメージがあるけど実際にはほんの少し計算を工夫するだけだ
そしてここでは自分の感覚も大切にしてほしい

感覚?

自分の感覚と一致しないものは間違っている可能性が高いから必ず検算すること
たとえばこの問題

問題 直線$x+y=4$と円*$x^2+y^2=r^2$ $(r>0)$が交わるような半径rの値の範囲を求めよ。

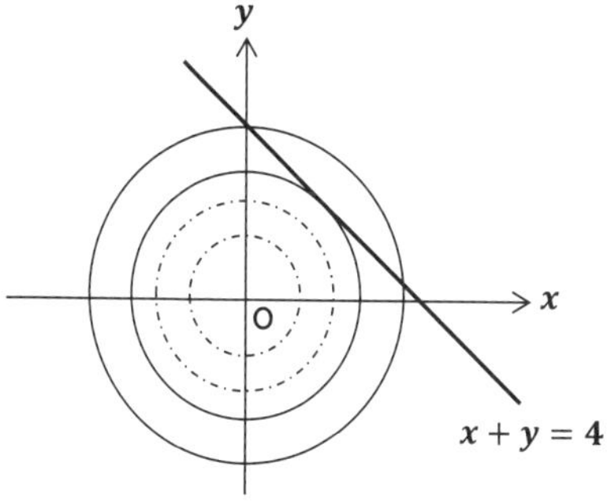
y
x
O
x + y = 4

用語説明

***円の方程式……**

円の中心を(a, b)、半径をrとすると、円の方程式は、$(x-a)^2+(y-b)^2=r^2$と表すことができる。

問題
直線$x+y=4$と円$x^2+y^2=r^2(r>0)$が交わるような半径rの値の範囲を求めよ。
y
x
O
直線と交わった
円の半径はある値より大きくないと円と直線は交わらないと直観的に予想できる
まだ直線と交わってない
$x+y=4$
なんだこれ……
これを見ると感覚的に半径rの範囲はある値より大きいと予測できる
……
えーと……？
！
トン
トン
円のはんけーが小さいから交わらない
y
x
O
r
直線
そっか半径rが小さいと直線と交わらない

問題

直線 $x+y=4$ と円 $x^2+y^2=r^2\ (r>0)$ が交わるような半径 r の値の範囲を求めよ。

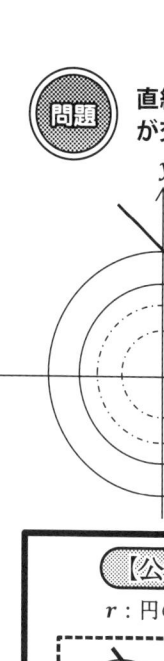

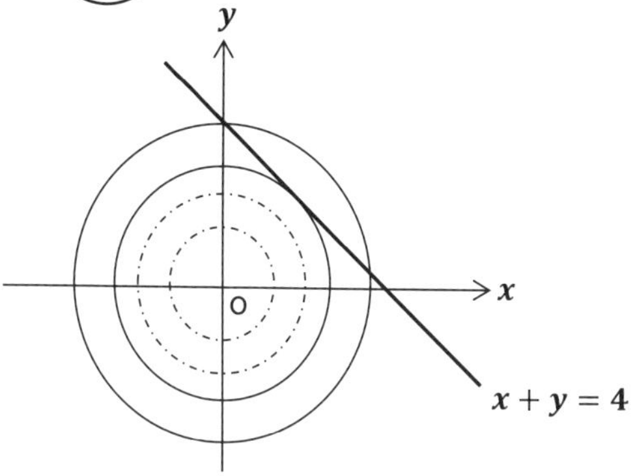

【公式】円と直線の位置関係

r：円の半径　d：中心と直線の距離

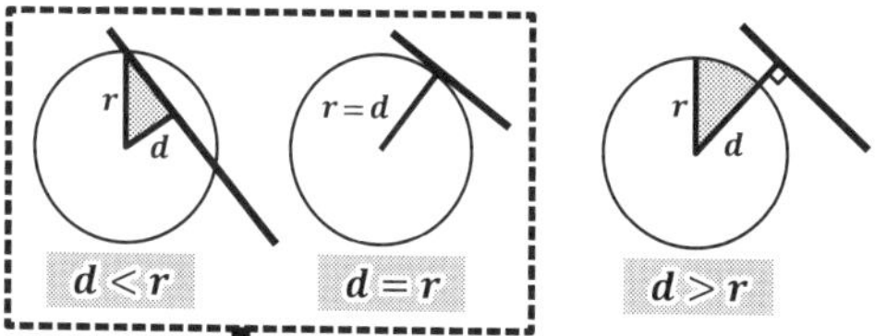

$d \leqq r$
となればよい

解答

円の中心と直線の距離が半径以下になればよい。

$$\frac{|0+0-4|}{\sqrt{1^2+1^2}} \leqq r$$

$$\frac{4}{\sqrt{2}} \leqq r$$

$$r \leqq \frac{4}{\sqrt{2}}$$

$$\therefore r \leqq 2\sqrt{2}$$

【公式】
点 (x_1, y_1) と
直線 $ax+by+c=0$
との距離 d は

$$d = \frac{|ax_1+by_1+c|}{\sqrt{a^2+b^2}}$$

？
最後が……
ふふ
気づいたかな
答えを
$r \leqq 2\sqrt{2}$と出したが
ここで何かが
違うということに
気づいてほしい
さっき
半径rの範囲は
「ある値より大きい」
と予測をしたはずだ
感覚と
違うときは
何かが
間違っている
かもしれないと
疑うこと
そして答案を
もう一度見直し
間違いを探す

ほら
ここが
間違っている

解答 円の中心と直線の距離が半径以下になればよい。

$$\frac{|0+0-4|}{\sqrt{1^2+1^2}} \leqq r$$

> 点(x_1, y_1)と
> 直線$ax+by+c=0$
> との距離dは
> $$d=\frac{|ax_1+by_1+c|}{\sqrt{a^2+b^2}}$$

$$\frac{4}{\sqrt{2}} \leqq r$$

$$r \not\leqq \frac{4}{\sqrt{2}}$$

$$\therefore r \not\leqq 2\sqrt{2}$$

不等号の向きが逆!!

$$\therefore\ r \geqq 2\sqrt{2} \cdots\cdots 答$$

ちなみに僕は書き直すとき転記ミスをすることがあった
君たちも転記するときは細心の注意を払うようにね
まずは自分の計算ミスの傾向を知る
そして間違いやすいところに細心の注意を払うこと
あとは自明な解っていう感覚も重要

自明な解?

問題 円 $(x-5)^2+(y-3)^2=9$
に原点から引いた接線の方程式を求めよ。

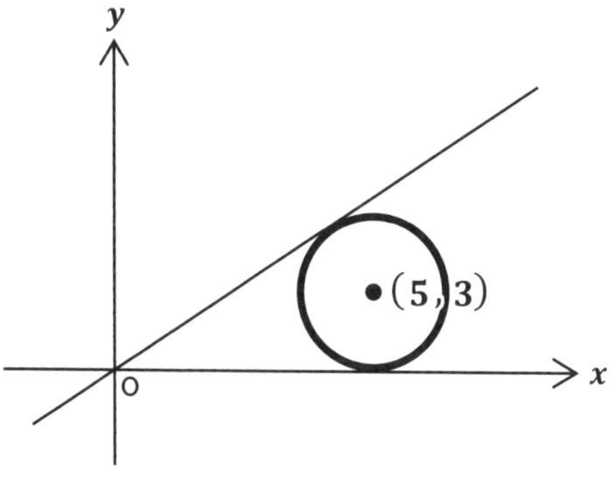
y
x
O
(5, 3)

たとえばこの問題

これは接線の方程式を$y=ax$とおいて求める

じゃあ……
この図からあきらかにわかることは何だろう？
x 軸が円の接線なので必ず答えにはy＝0があります
そうだね図からあきらかにx軸は接線だから
y＝0が答えの中に含まれていなければどこかが間違っているはずだ
この円はx軸に接するから、x軸（y＝0）はあきらかに原点から引いた接線である
y
x
(5, 3)

実際の試験では少しでも検算する時間を作ろう
最後の10分で手も足も出ない問題を考えるより
すでに解いた問題の検算にあてるのも賢い手だ
最後の10分は…
検算しよ…
また普段の学習で答えが間違っていたら何も考えず全部消してしまう人がいる
それではダメ どこが間違っているかを必ず自分で探すこと
間違いを探すのも大事な数学の勉強だ
工夫しながら自分なりの方法を確立してみてね
よし このへんで休憩しよう

ザワ
ザワ
トイレ
飲み物買いにいかない？
うん！
う——ん
うーん
数学ちょっと興味持てそう
真剣に聞いてたね

祐太って やっぱ将来は ロボット博士か？
うーん 博士かは わからないけど ……
祐太の造る ロボットって いつも大会で 優勝してるじゃん
な
祐太って どんなロボット 造るのが夢？
世界で活躍する 地雷除去 ロボットを 造りたい

進は将来どうするの？
うーん……わかんないなぁ
うーーーん…
はっきりと決められないままここまできたっていうか……
ロボット一緒に造る？
不器用ですから…
たのしいよ!
うーん…小さい頃かっこいいなーと思ってたのは
警察官…
POLICE

いいねそれ！進は柔道強いし
正義の味方って感じだし
じゃぁ講義を続けよう！

KEEP OUT
KEEP OUT
KEEP
KEEP OUT
KEEP OUT
KEEP

第3講

微積分型分野の勉強法

～微積分、数列の漸化式、図形と方程式の軌跡～

よしそれじゃここでは
微積分型分野の勉強法について話していこう
微積分型分野は非常に体系化されているのが特徴だ
つまり各問題に対して解き方が決まっていることが多い
たとえば微積分なら…

最大値を求める場合

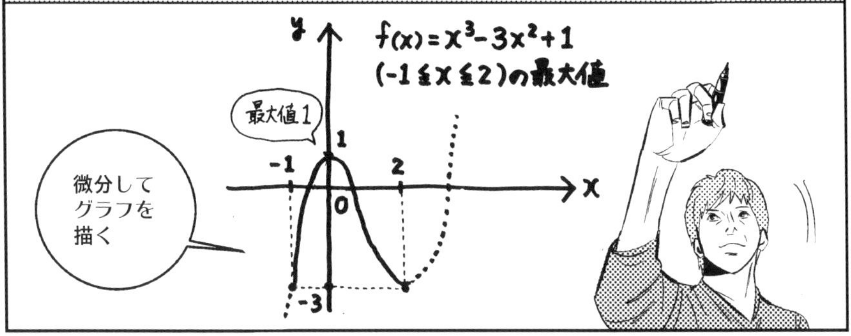

f(x)=x³−3x²+1
(−1≦x≦2)の最大値
最大値1
微分してグラフを描く
y
x
1
−1
2
0
−3

接線の本数を求める場合

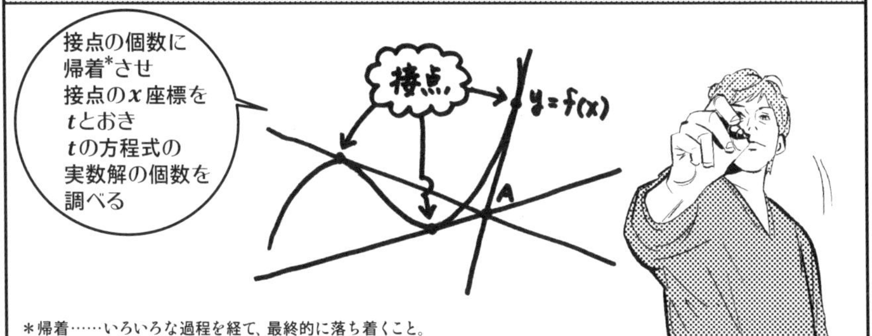

接点の個数に帰着*させ接点のxの座標をtとおきtの方程式の実数解の個数を調べる
接点
y=f(x)
A

＊帰着……いろいろな過程を経て、最終的に落ち着くこと。

面積を求める場合

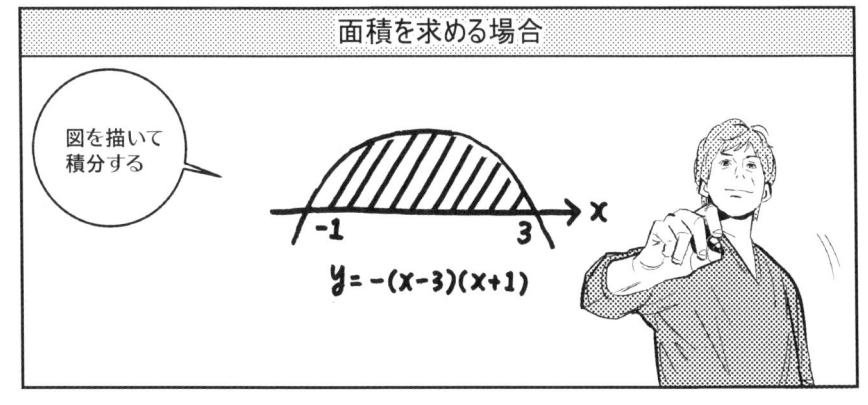

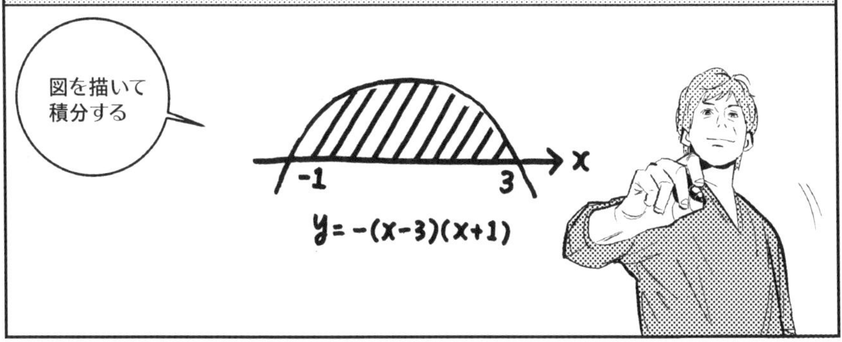

図を描いて積分する
x
−1
3
y=−(x−3)(x+1)

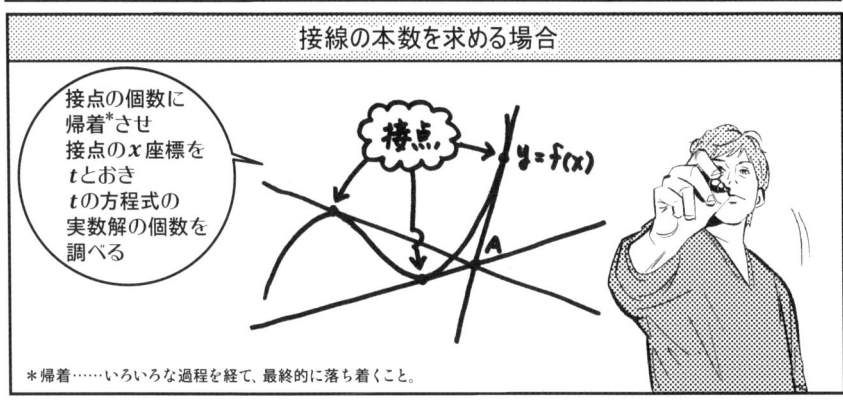

これらの問題はほかの解答がほとんどない
つまり解答の自由度は低い
まったくわからん…
全くわからない人も大丈夫
これから詳しく説明しよう
よしまずは微分法・積分法の勉強法からだ
教科書では微分の定義から始まるんだ
ここはこの分野で一番やっかいなところだが……
避けては通れない
さっそくだけどx^3を微分するとどうなるかな？

x^3を微分すると
$3x^2$になります
x^3 →(微分) $3x^2$
うん正解
x^3を微分すると$3x^2$になることを覚えておけば微分の計算はできる
でも…
それだと点はとれても数学力はつかない
大切なのは証明を理解することだ
そもそも「微分する」ってどういうことだと思う?
えーと……

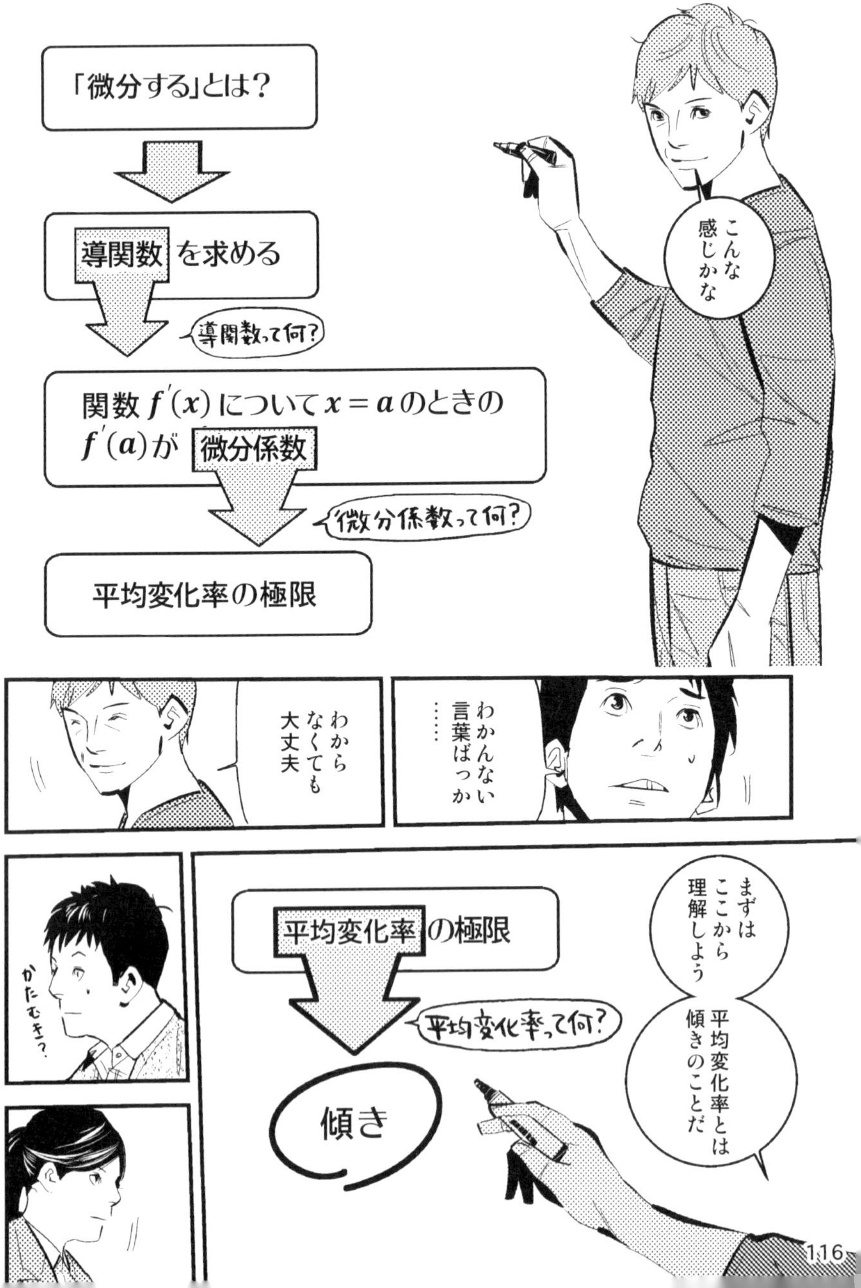
こんな感じかな
「微分する」とは？
導関数を求める
導関数って何？
関数 $f'(x)$ について $x=a$ のときの $f'(a)$ が 微分係数
微分係数って何？
平均変化率の極限
わかんない言葉ばっか……
わからなくても大丈夫
まずはここから理解しよう
平均変化率とは傾きのことだ
平均変化率の極限
平均変化率って何？
傾き
かたむき？

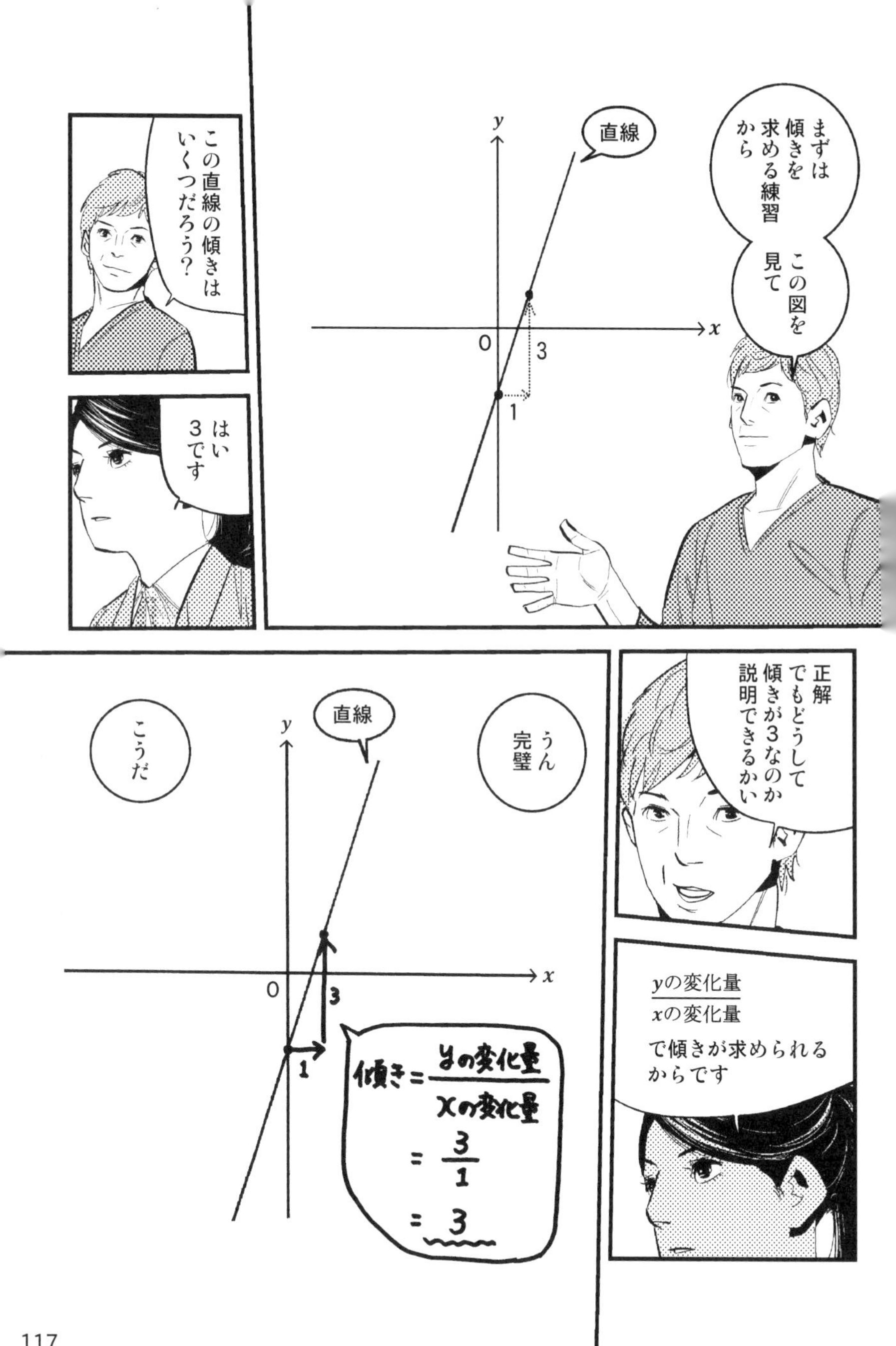
まずは傾きを求める練習から
この図を見て
直線
y
x
0
3
1
この直線の傾きはいくつだろう？
はい 3です
正解 でもどうして傾きが3なのか説明できるかい
$\frac{y\text{の変化量}}{x\text{の変化量}}$ で傾きが求められるからです
うん 完璧
こうだ
直線
y
x
0
3
1
傾き＝$\frac{y\text{の変化量}}{x\text{の変化量}}$
＝$\frac{3}{1}$
＝3

これをふまえて次の図を見てみよう
xが変化することによってyが決まるグラフ たとえば xにaを代入すると $y=f(a)$になるね このとき「yはxの関数」と言うよ
$y=f(x)$
$(a+h, f(a+h))$
$(a, f(a))$
x
う……
見たことない図だ…
ちょっと複雑に見えるけどさっきと同じように考えるんだ
平均変化率は傾き
この直線の傾きを求めることができる?
$y=f(x)$
$y=f(x)$のxにaを代入すると yは$f(a)$だよ
$(a+h, f(a+h))$
$(a, f(a))$
$y=f(x)$のxに$a+h$を代入すると yは$f(a+h)$だよ
h
x
a
$a+h$
ある点のx座標 $x=a$を基準にとる

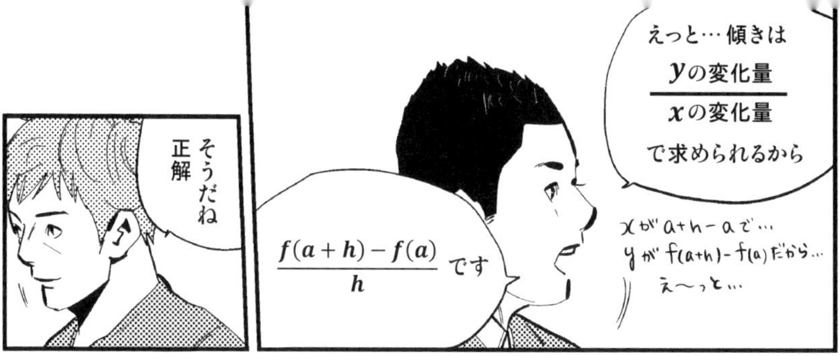
えっと… 傾きは
$\dfrac{y\text{の変化量}}{x\text{の変化量}}$
で求められるから
xが $a+h-a$ で…
yが $f(a+h)-f(a)$ だから…
え〜っと…
$\dfrac{f(a+h)-f(a)}{h}$ です
そうだね 正解

「微分する」とは？

導関数を求める

導関数って何？

関数 $f'(x)$ について $x=a$ のときの $f'(a)$ が 微分係数

微分係数って何？

平均変化率の極限

平均変化率って何？

傾き

この傾きを平均変化率って言うんだ

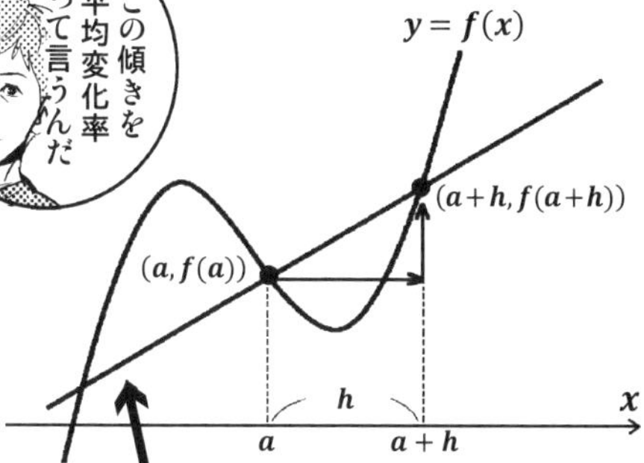
$y=f(x)$
$(a+h, f(a+h))$
$(a, f(a))$
h
x
a
$a+h$

この直線の傾きが平均変化率　つまり、

$$\frac{f(a+h)-f(a)}{h} \longleftarrow \frac{y\text{の変化量}}{x\text{の変化量}}$$

のこと

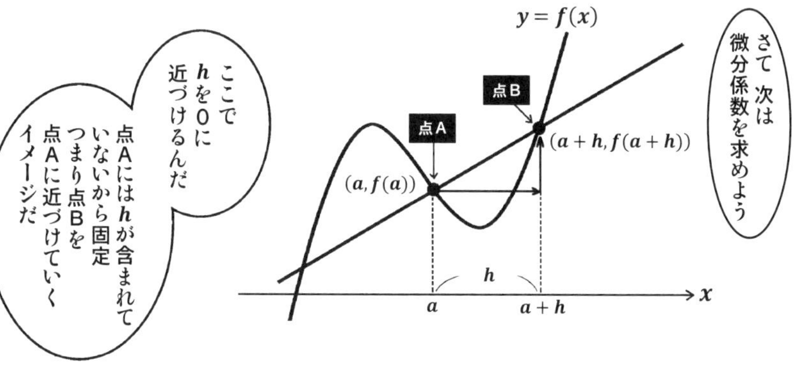
さて 次は微分係数を求めよう
$y=f(x)$
点B
点A
$(a+h, f(a+h))$
$(a, f(a))$
h
x
a
$a+h$
ここで hを0に近づけるんだ
点Aにはhが含まれていないから固定 つまり点Bを点Aに近づけていくイメージだ

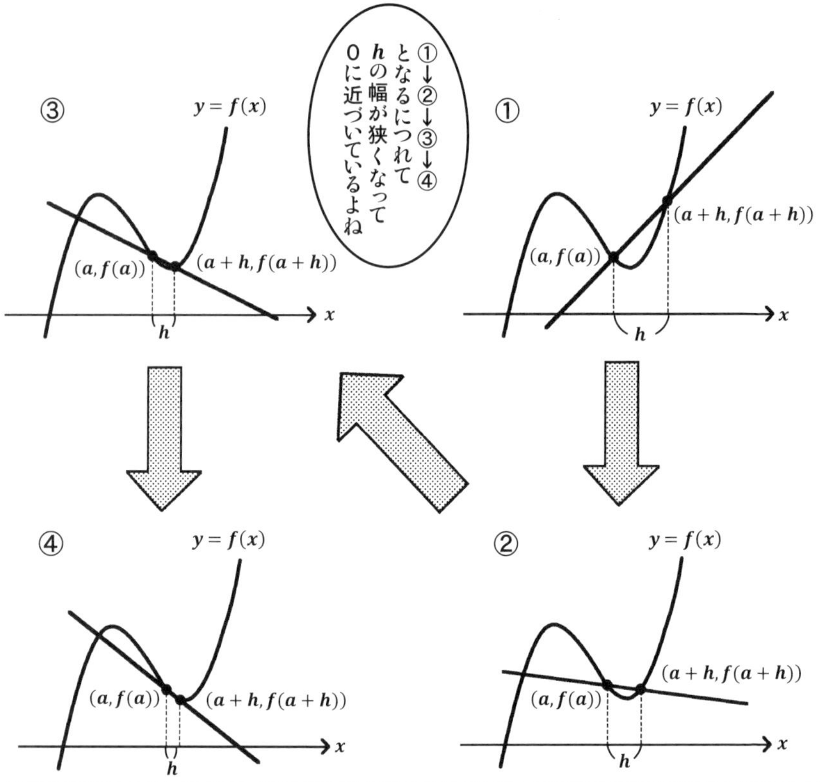
①↓②↓③↓④
となるにつれて
hの幅が狭くなって
0に近づいているよね
①
$y = f(x)$
$(a, f(a))$
$(a + h, f(a + h))$
h
x
②
$y = f(x)$
$(a, f(a))$
$(a + h, f(a + h))$
h
x
③
$y = f(x)$
$(a, f(a))$
$(a + h, f(a + h))$
h
x
④
$y = f(x)$
$(a, f(a))$
$(a + h, f(a + h))$
h
x

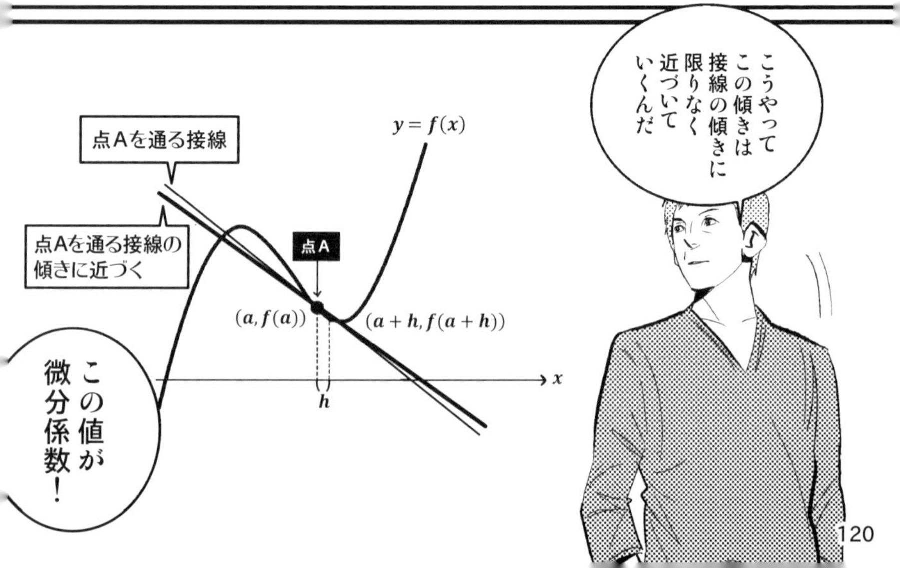
こうやって
この傾きは
接線の傾きに
限りなく
近づいて
いくんだ
点Aを通る接線
点Aを通る接線の
傾きに近づく
点A
$y = f(x)$
$(a, f(a))$
$(a + h, f(a + h))$
h
x
この値が
微分係数！

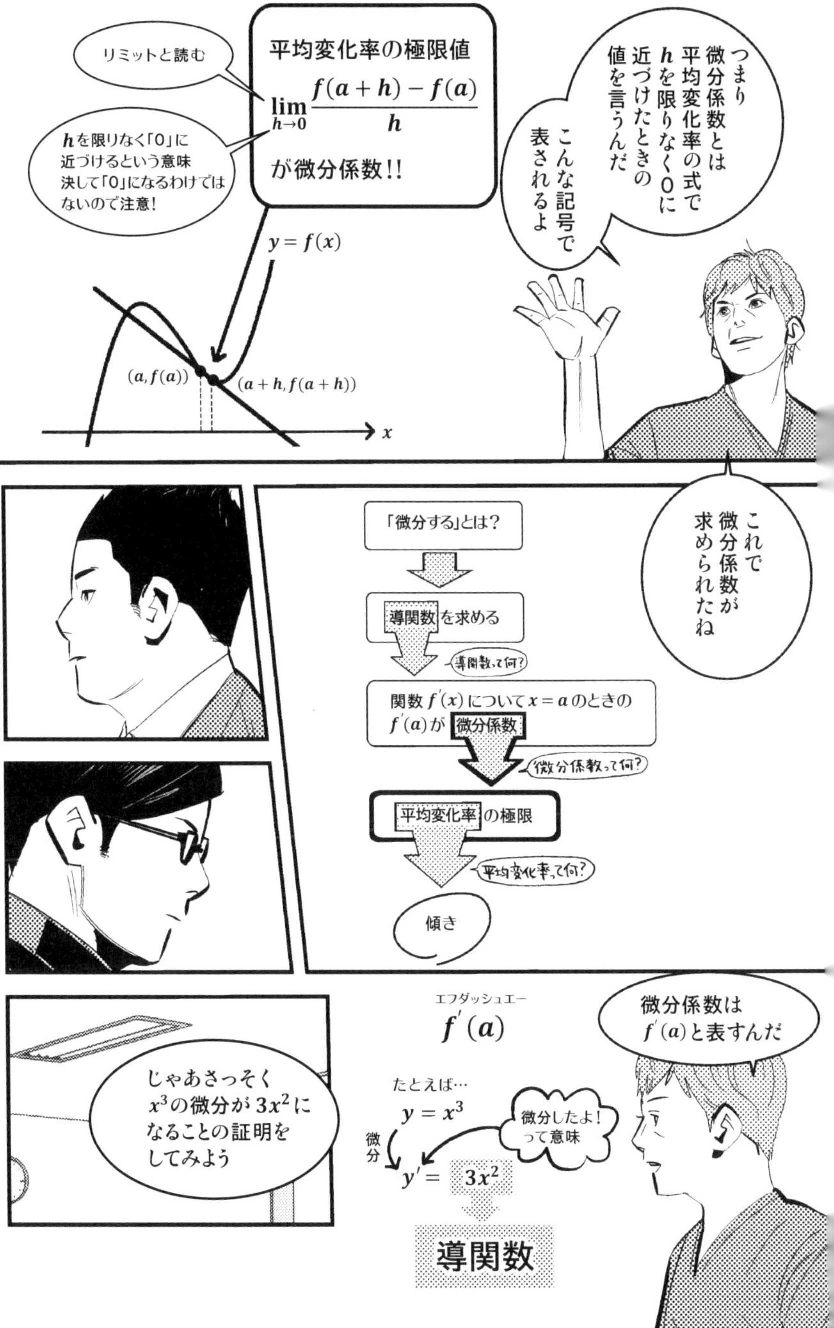
つまり微分係数とは平均変化率の式でhを限りなく0に近づけたときの値を言うんだ
こんな記号で表されるよ
平均変化率の極限値
$\lim_{h\to0}\frac{f(a+h)-f(a)}{h}$
が微分係数!!
リミットと読む
hを限りなく「0」に近づけるという意味 決して「0」になるわけではないので注意!
$y=f(x)$
$(a, f(a))$
$(a+h, f(a+h))$
x
これで微分係数が求められたね
「微分する」とは?
導関数を求める
導関数って何?
関数$f'(x)$について$x=a$のときの$f'(a)$が微分係数
微分係数って何?
平均変化率の極限
平均変化率って何?
傾き
微分係数は$f'(a)$と表すんだ
$f'(a)$《エフダッシュエー》
たとえば…
$y=x^3$
微分
微分したよ!って意味
$y'=3x^2$
導関数
じゃあさっそくx^3の微分が$3x^2$になることの証明をしてみよう

証明

$$\frac{f(a+h)-f(a)}{h}=\frac{(a+h)^3-a^3}{h}$$

← ① $f(x)=x^3$を代入した

$$=\boxed{h^2+3ah+3a^2}$$

← ② 計算しただけ

代入

よって

$$f'(a)=\boxed{\lim_{h\to 0}\frac{f(a+h)-(a)}{h}}$$

$$=\lim_{h\to 0}(h^2+3ah+3a^2)$$

$$=3a^2$$

③ hを0に近づけると h^2+3ahは0に近づく

実際にhを0に近づけてみる

h	h^2+3ah
1	$1^2+3a\times1$
0.1	$0.1^2+3a\times0.1$
0.01	$0.01^2+3a\times0.01$
⋮	⋮
0	0

$f(x)=x^3$の場合 $f'(a)$の計算は このようになる ①〜③について 説明していこう
まず① 今回は$f(x)=x^3$と与えられているので $y=f(x)$のグラフは下のようになる
そこでaをx^3に代入し$y=a^3$ $a+h$もx^3に代入し $y=(a+h)^3$になるんだ

次は② これは3乗公式を利用して求める

3乗公式

$$\frac{(a+h)^3-a^3}{h}=\frac{a^3+3a^2h+3ah^2+h^3-a^3}{h}$$

$$=3a^2+3ah+h^2$$

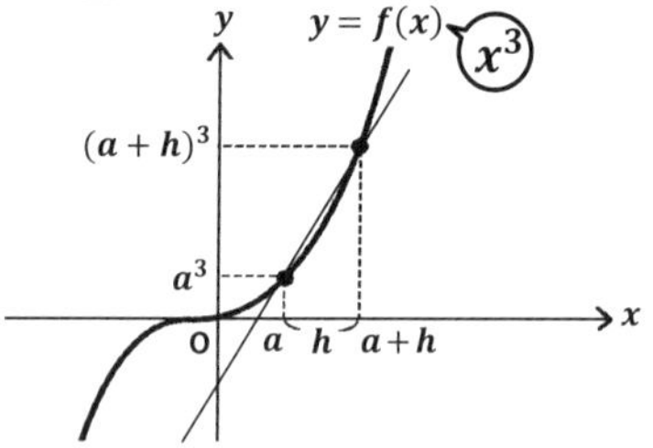

y
y = f(x)
x³
(a + h)³
a³
x
O
a
h
a+h

最後の極限のところは
③のように hに0を代入してしまえばいいんだ

最後に$f'(a)$のaをxに変えて…

$$f'(a)=3a^2$$
↓
$$f'(x)=3x^2$$

つまり…

$f(x)=x^3$の微分
↓
$$f'(x)=3x^2$$

完成！

そして微分の定義が理解できたら微分の計算練習だ
たとえば
x^3+2x^2+4x+5を
xで微分するとどうなる？
$f(x)=x^3+2x^2+4x+5$
$f'(x)=3x^2+4x+4$
です
正解
微分の計算はこんな感じでやるのが基本
x^3+2x^2+4x+5
係数
指数
xで微分する！
$3x^2+2\cdot 2x+4+$なし
指数の3が係数として前に出て指数が1つ下がる
xがないため消えてしまう
じゃあ微積分型分野の勉強法について話そう
まずはコアの部分を理解する
次に教科書や参考書の問題に入ろう
教科書や参考書は例題↓類題という流れが多い
教科書・参考書の構成
例題
類題

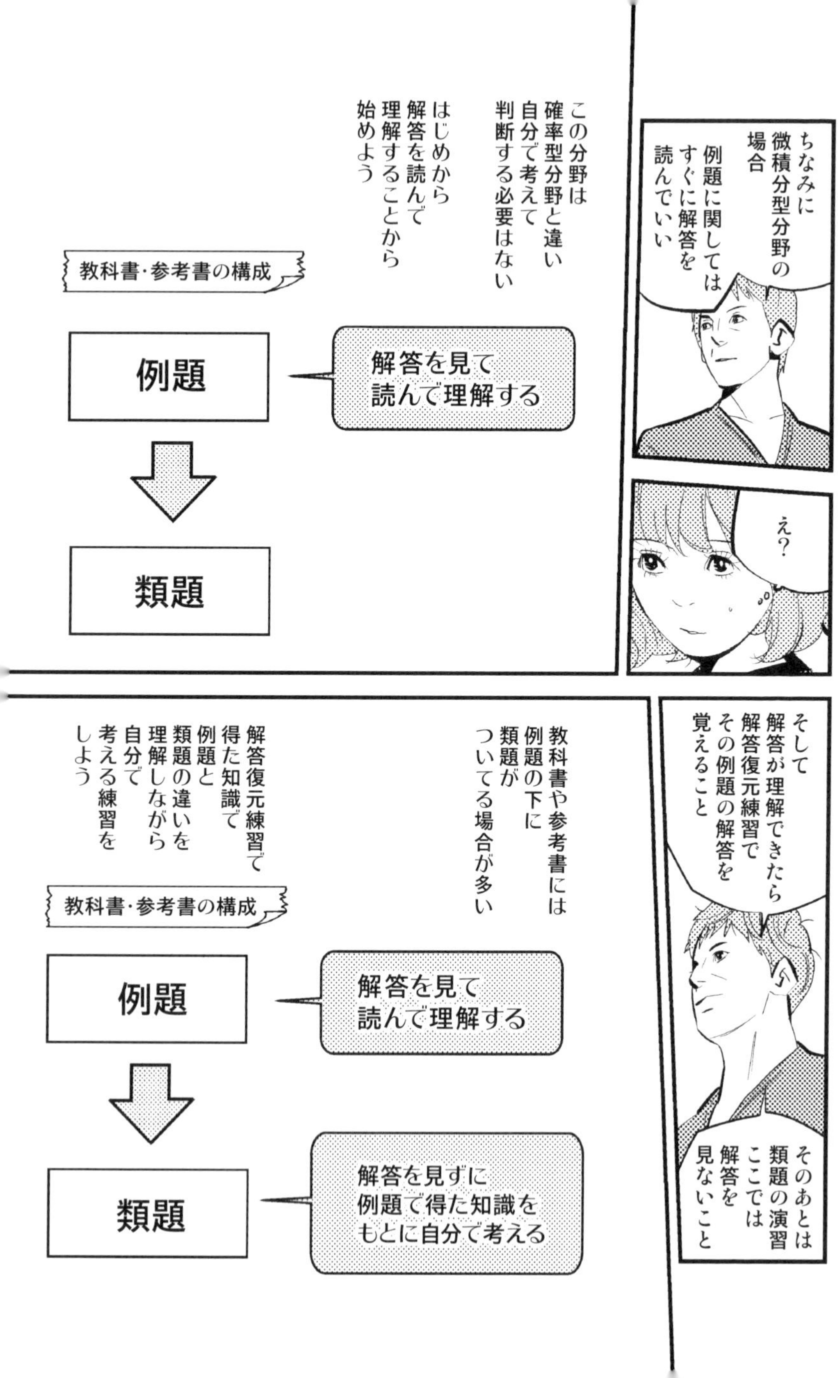

ちなみに微積分型分野の場合
例題に関してはすぐに解答を読んでいい
え？
この分野は確率型分野と違い自分で考えて判断する必要はない
はじめから解答を読んで理解することから始めよう
教科書・参考書の構成
例題
解答を見て読んで理解する
類題
そして解答が理解できたら解答復元練習でその例題の解答を覚えること
そのあとは類題の演習ここでは解答を見ないこと
教科書や参考書には例題の下に類題がついてる場合が多い
解答復元練習で得た知識で例題と類題の違いを理解しながら自分で考える練習をしよう
教科書・参考書の構成
例題
解答を見て読んで理解する
類題
解答を見ずに例題で得た知識をもとに自分で考える

この練習こそが
最も数学力をアップさせる

① 関数のグラフ
② 接線の方程式の決定

とくに微分法で重要視されるテーマはこの2つしっかり覚えておこう

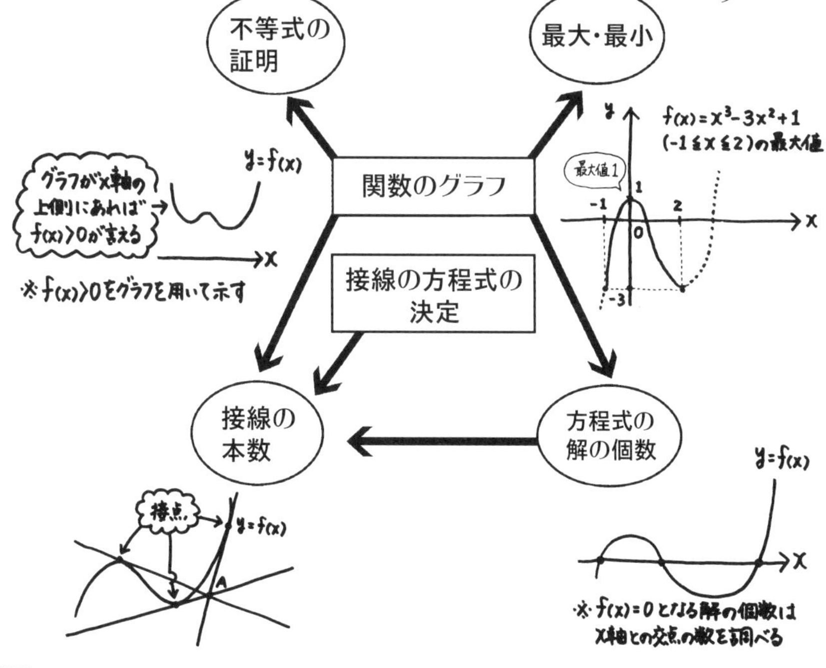
不等式の証明
最大・最小
関数のグラフ
接線の方程式の決定
接線の本数
方程式の解の個数
グラフがx軸の上側にあれば f(x)>0が言える
y=f(x)
x
※ f(x)>0をグラフを用いて示す
f(x)=x³−3x²+1 (−1≦x≦2)の最大値
最大値1
y
x
1
−1
2
0
−3
接点
y=f(x)
A
y=f(x)
x
※ f(x)=0となる解の個数はx軸との交点の数を調べる

よし 次に積分法
積分には 不定積分と 定積分がある

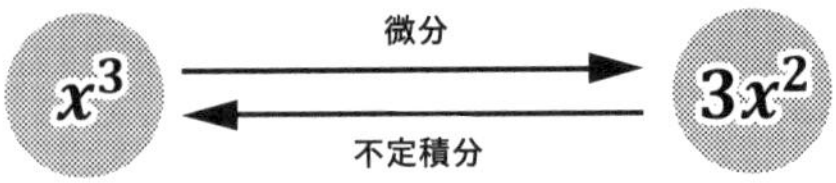
微分
x^3
$3x^2$
不定積分

ざっくり言うと 微分の逆が 不定積分
この式に ついて 説明して みよう

$$\int 3x^2 dx = x^3 + C \text{（Cは積分定数）}$$

- $\int$：微分の逆の計算「インテグラル」ってよぶよ
- dx：「x」で積分せよという意味
- C：定数は微分すると「0」になるので定数「C」を最後につける

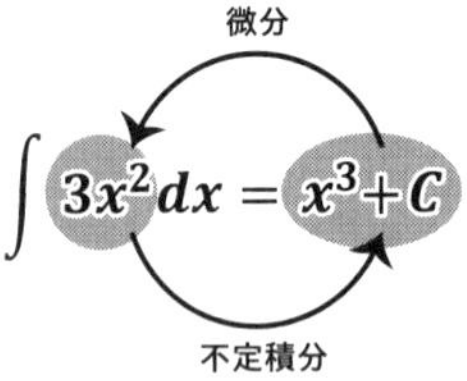
微分
$\int 3x^2 dx = x^3 + C$
不定積分

つまり
元の関数は
1つに定まらない

$$x^3 + C$$

だから
定数をすべて
統括して
Cで表すんだ

微分して$3x^2$になった！ ということは…？

⇩

つまり $f'(x) = 3x^2$

⇩

じゃあ**微分前**の$f(x)$は何になる？

⇩

注意

必ずしも$f(x) = x^3$とは限らない

> $f(x) = x^3 + 1$ とか
> $f(x) = x^3 - 5$ かもしれない
> なぜなら「定数」（この場合xが含まれない数）は微分すると「0」になってしまうから

そして不定積分の2つの値の差が定積分だ
不定積分したあとに上下の数を代入して差をとったものが定積分
$\int_a^b 3x^2dx = [x^3]_a^b = b^3 - a^3$
Cはあってもなくても変わらないから通常は書かないよ

これが理解できたらまずは不定積分と定積分の計算練習をする
絶対値の入った定積分や難題には要注意だ
絶対値*……

あとは微分と一緒教科書や参考書の例題を理解して解答復元練習そして類題を自力で解く

用語説明

＊絶対値……

数直線上で「原点からある数までの距離」のこと。
元の数が「正の数」でも「負の数」でも原点からの距離で定義されるので、絶対値は必ず「0」以上の値になる。

例

-2の絶対値は2，|-2|＝2
3の絶対値は3，| 3 |＝3
0の絶対値は0，| 0 |＝0

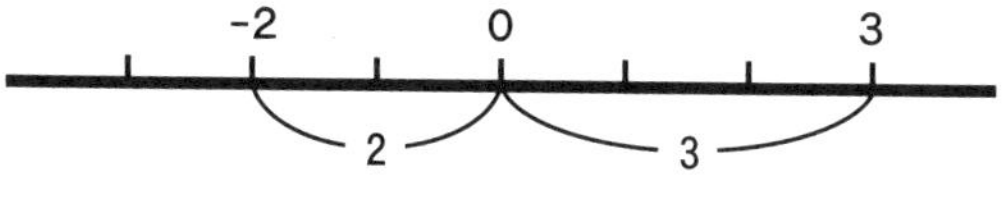
-2
0
3
2
3

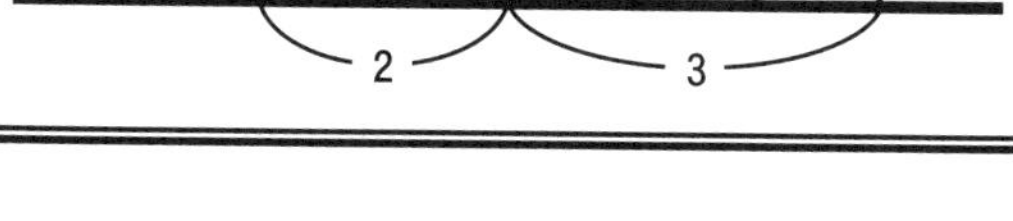

僕個人としては微積分より確率の方が難しいと思っている
自分で考える力が要求されるからね
でもここにいるみなさんは
微分法・積分法は難しいというイメージを持ってないかな？
確かに
なんでも難しいんだろ
うっせ
キーッ
なぜ微分法・積分法は確率よりも難しいと思われてしまうのか？
それは微積分が確率よりも抽象的だからだ
たとえば硬貨を投げれば表が出る確率が2分の1ってことは誰にでもわかる
ピーン
パチン
裏？
表？

でも抽象的＝難しいとは限らない
事実微積分は対策が立てやすい分野で数学が苦手な人にこそ向いているんだ
数学が苦手な人は興味のある分野をひとつでいいからぜひ見つけてほしい
その一つがきっと
数学力を上げるきっかけになる
僕は微積分をそのきっかけにしてもらいたいね

よし
次は数列の
*漸化式だ
この分野も
微積分と
同じやり方だ
漸化式自体
よくわからない
ぞ……
って人も
多いだろう
だから

漸化式について
簡単に
説明してみよう
まずは
基本漸化式を
理解すること

用語説明

***漸化式……**

前の項から、その次に続く項を定める規則のこと。

（前の項：a_n、その次に続く項：a_{n+1}）

例　$a_{n+1} = a_n + 3$

ならば、a_nが与えられると

それに3を足すことによってa_{n+1}が定まります。

基本漸化式

$a_{n+1} = a_n + d$ ←―― **等差数列の漸化式**

$a_{n+1} = ra_n$ ←―― **等比数列の漸化式**

$a_{n+1} = a_n + f(n)$ ←―― **階差数列の漸化式**

公式を利用して導く　$\left(a_n = a_1 + \sum_{k=1}^{n-1} b_k\,(n \geqq 2)\right)$

（ただし、d, rは定数）

問題 **次の漸化式を解け。**

$a_1 = 1, a_{n+1} = 2a_n + 3^n$

解答

両辺を3^{n+1}で割ると、

$$\frac{a_{n+1}}{3^{n+1}} = \frac{2}{3}\cdot\frac{a_n}{3^n} + \frac{1}{3}$$

$b_n = \dfrac{a_n}{3^n}$ とおくと、

$$b_1 = \frac{1}{3}, b_{n+1} = \frac{2}{3}b_n + \frac{1}{3}$$

$b_{n+1} - 1 = \dfrac{2}{3}(b_n - 1)$ と変形することにより、

$$b_n - 1 = (b_1 - 1)\cdot\left(\frac{2}{3}\right)^{n-1} = -\left(\frac{2}{3}\right)^n$$

$$\therefore b_n = 1 - \left(\frac{2}{3}\right)^n$$

よって、

$$a_n = 3^n - 2^n$$

たとえばこの問題を見て 解答で両辺を 3^{n+1}で割るところがあるよね しかしなぜ 3^{n+1}で割るかは重要ではない
ここで大切なのは 3^{n+1}で割るとこの漸化式は解け このタイプ（$a_{n+1}=pa_n+cr^n$）は r^{n+1}で割れば良いと知ることだ

全く
わからない…
今は わからなくても 大丈夫
教科書や参考書を 見れば 漸化式の解法は まとめてあるから
それを読んで 例題の解答を理解したら 解答復元練習で覚えて 類題を解く これでOKだ
できたっ

そして
基本漸化式のほかに
覚える
必要があるのは
この４つ

解答復元練習で解き方を覚えておくべき漸化式

① $a_{n+1} = pa_n + q$

② $a_{n+1} = pa_n +$（nの一次式）

③ $a_{n+1} = pa_n + cr^n$

④ $a_{n+2} = pa_{n+1} + qa_n$

（ただし、p, q, r, cは定数）

どうして
４つだけ
なのかな……
理由はふたつ
ひとつは
この４つ以外のものは
大学入試では
誘導つきが多いからだ
つまり
覚えておく必要がない

たとえばこれは
慶應義塾大学の問題だが

次の条件で定められる数列$\{a_n\}$の一般項を求めたい。

$$a_1 = 1, \quad a_{n+1} = \frac{a_n}{2a_n + 3}\ (n = 1, 2, 3 \ldots)$$

ここで$b_n = \dfrac{1}{a_n}$とおき、b_{n+1}をb_nを用いて表すと、

$b_{n+1} =$ シ と表せる。

これを利用すると、数列$\{a_n\}$の一般項は

$a_n =$ ス であることがわかる。

（慶応義塾大－看護医療）

問題文の誘導通りに
やれば①に帰着する

ただし
この４つの
タイプでも
ほかの解き方
つまり別解も
知っておくと
応用が利く

たとえばさっきの問題なら
2^{n+1}で割る方法もある

問題

次の漸化式を解け。

$a_1 = 1, a_{n+1} = 2a_n + 3^n$

解答

両辺を2^{n+1}で割ると、

$$\frac{a_{n+1}}{2^{n+1}} = \frac{a_n}{2^n} + \frac{1}{2}\left(\frac{3}{2}\right)^n$$

$b_n = \dfrac{a_n}{2^n}$ とおくと、

$$b_1 = \frac{1}{2}, b_{n+1} = b_n + \frac{1}{2}\left(\frac{3}{2}\right)^n$$

これより、階差数列の公式から

$$b_n = \frac{1}{2} + \sum_{k=1}^{n-1} \frac{1}{2}\left(\frac{3}{2}\right)^k$$

$$= \frac{1}{2} + \frac{\frac{3}{4}\left\{1 - \left(\frac{3}{2}\right)^{n-1}\right\}}{1 - \frac{3}{2}} = -1 + \left(\frac{3}{2}\right)^n \ (n \geqq 2)$$

これは、$n = 1$のときも成り立つ。

よって、

$a_n = 3^n - 2^n$

もうひとつの理由は暗記の境界線の問題だ
この４つ以外はたとえ過去に解いたことがなくてもその場の判断で解けるように総合的な数学力をつけてほしい
総合的な数学力……
ほかの分野を通じて問題を考えるということだ数学は考える力が勝敗を分ける
考える力をつければつけるほど解いたことのない漸化式でも解けるようになる

それこそが
数学のひらめき！
最後は図形と方程式の軌跡だ
この分野も体系化されてるから意外と勉強が進みやすいよ
軌跡の定義から説明しよう
数学では線とは点が集まってできていると考えられている
点がたくさん集まると線ができる

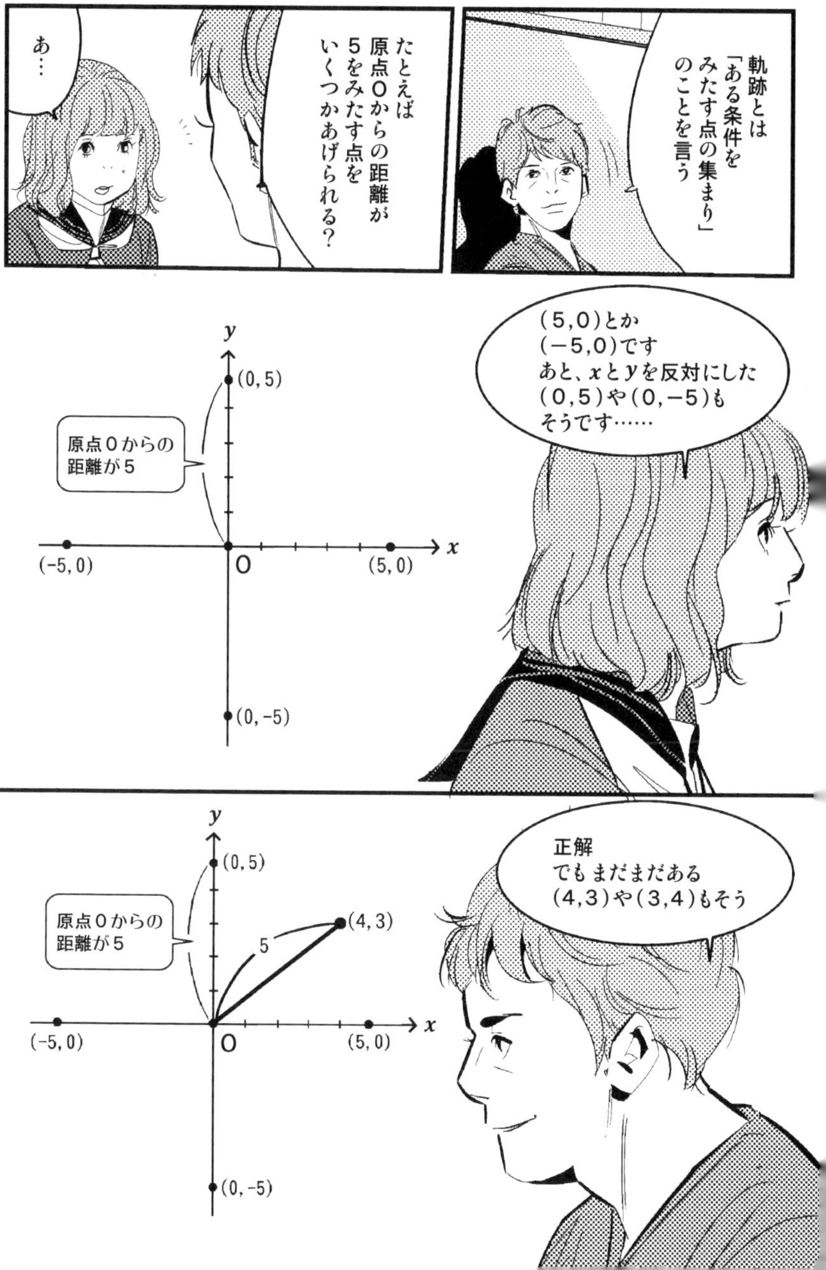
軌跡とは「ある条件をみたす点の集まり」のことを言う
たとえば原点Oからの距離が5をみたす点をいくつかあげられる?
あ…
(5,0)とか(−5,0)ですあと、xとyを反対にした(0,5)や(0,−5)もそうです……
y
(0,5)
原点Oからの距離が5
x
(-5,0)
O
(5,0)
(0,-5)
正解 でも まだまだある (4,3)や(3,4)もそう
y
(0,5)
原点Oからの距離が5
(4,3)
5
x
(-5,0)
O
(5,0)
(0,-5)

あ
確かに……！
「原点Oからの距離が5」という条件をみたす点は無数にあるんだ
こんな感じでね
5
O
そしてこの点の集合は線になるすると——
5
O
点がたくさん集まると線ができる
点の集合が線（軌跡）
5
O
円になる
ちなみに数学Ⅱの軌跡でポイントになるのは
『軌跡の問題では図形を直接求めることはない』ということ
図形を求めない……

じゃあ
何を求めるか
わかる？
求めるものが
ない……
ふふ
軌跡では
必ず方程式を
求めるんだ

そして
その方程式が
何を表すかによって
図形がわかる

方程式 → 軌跡

$ax + by + c = 0$ ⟶ 直線

$(x-a)^2+(y-b)^2=r^2$ ⟶ 円

$y = ax^2 + bx + c$ ⟶ 放物線

問題を
見てみよう

問題 **原点Oからの距離が5である点Pの軌跡を求めよ。**

点 $\mathrm{P}(x, y)$ とおく。

原点からの距離が 5 なので、

$$\sqrt{(x-0)^2+(y-0)^2}=5$$

$$\therefore x^2+y^2=25$$

見てごらん
軌跡は何かわかる？

問題 **原点Oからの距離が5である点Pの軌跡を求めよ。**

解答 点 $P(x, y)$とおく。

原点からの距離が 5 なので、

$$\sqrt{(x-0)^2+(y-0)^2}=5$$

$$\therefore x^2+y^2=25$$

よって、求める軌跡は
原点 O を中心とする半径 5 の円

軌跡は円です

正解
方程式 $x^2+y^2=25$を
求めることによって
軌跡は円だとわかる
数学IIの軌跡では図形は方程式を経由して求める
そして軌跡の問題では今の問題のように直接xとyの方程式を導けるものと
媒介変数表示を経由して方程式を導くものがある
媒介変数表示……？
たとえば
xとyがtの式で
表示されていることだ
tはxとyを
つなぐ変数だから
媒介変数という

よくわからん…
難しく考えないで
tが変化すればxが変化しyも変化するってこと
だからxとyは連動していてxが決まればyも決まる
x
y
t
たとえばこんな感じだ
$\begin{cases} x = t + 2 \\ y = 3t^2 + 4 \end{cases}$

これからtを消去するとxとyの方程式ができる

「t」の消去方法

$x = t + 2$を「$t =$」の式にする

↓

$t = x - 2$

↓

$y = 3t^2 + 4$に「$t = x - 2$」を代入

$$\begin{cases} x = t + 2 \\ y = 3t^2 + 4 \end{cases} \Rightarrow y = 3(x-2)^2 + 4$$

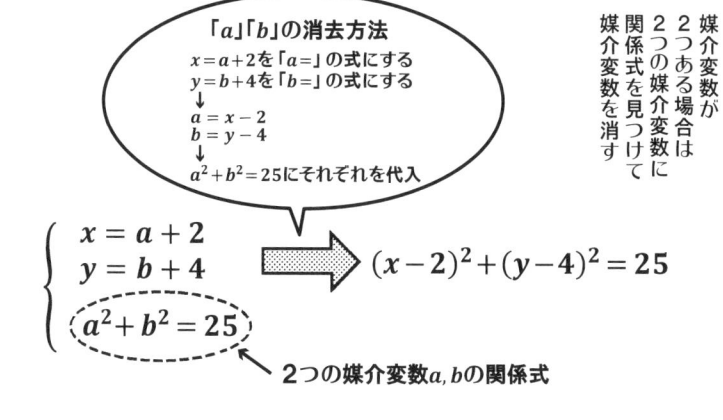

媒介変数が2つある場合は2つの媒介変数に関係式を見つけて媒介変数を消す

「a」「b」の消去方法

$x = a + 2$を「$a =$」の式にする

$y = b + 4$を「$b =$」の式にする

↓

$a = x - 2$

$b = y - 4$

↓

$a^2 + b^2 = 25$にそれぞれを代入

$$\begin{cases} x = a + 2 \\ y = b + 4 \\ a^2 + b^2 = 25 \end{cases} \Rightarrow (x-2)^2 + (y-4)^2 = 25$$

（$a^2 + b^2 = 25$）← 2つの媒介変数a, bの関係式

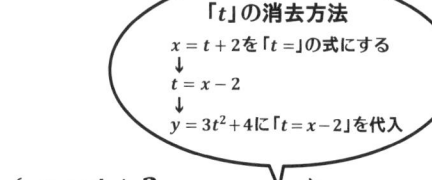

軌跡の問題の解法は大きく分けて2つ
① 条件から直接 x, y の数式を導くもの
② 条件から媒介変数表示を経由して x, y の数式を導くもの
②は媒介変数が1つのものと2つのものがある
だから教科書・参考書の例題を読んで理解するときはどちらのタイプなのか分類するといい
具体的な練習方法としてはまず先に例題だけやってしまう
例題の最初の10題は自分で考える必要はない

まずは解答を理解してどちらのタイプなのかを知ることこの問題のように解答を要約するとよくわかる

問題

t がすべての実数を変化するとき、放物線 $y = x^2 - 4tx - t$ の頂点の軌跡を求めよ。

解答

頂点を(X, Y)とおく。

$y = (x - 2t)^2 - 4t^2 - t$

であるから、

$$\begin{cases} X = 2t \\ Y = -4t^2 - t \end{cases}$$

平方完成

$$\begin{aligned} y &= x^2 - 4tx - t \\ &= \underline{x^2 - 4tx + 4t^2} - 4t^2 - t \\ &\quad \downarrow \text{ 因数分解} \\ &= \underline{(x - 2t)^2} - 4t^2 - t \end{aligned}$$

これより、t を消去すると、

$$Y = -4\left(\frac{X}{2}\right)^2 - \frac{X}{2} = -X^2 - \frac{1}{2}X$$

求める軌跡は、放物線 $y = -x^2 - \frac{1}{2}x$

要約

頂点を(X, Y)とおいて、放物線を平方完成することによって、媒介変数表示（1文字の媒介変数表示）を作るパターン

ここでも例題を解答復元練習で覚えてから類題の演習に入ろう
解答復元練習で覚えて
類題は自分で解答を作る
類題は解答を見ずに自分で考えて解答を作ること
これでOKだ
これで解けない難問は現時点では無視していい
この分野は総合力で勝負する問題だから
すべての分野が終わってから完璧に解ければいいよ
よし第3講はここまで!

微積分型分野の勉強法

☆ 微積分型分野 → 体系化されてる。解き方が決まってることが多い。

⇩

証明を理解することが大切！

微積分型分野の勉強法

だいじー

コアを学習 ⇨ 教科書・参考書の学習 → (例題)…解答を見て理解
(類題)…解答を見ないで自分で考える

☆ 微分法で重要視されるテーマは **2**つ
① 関数のグラフ
② 接線の方程式の決定

にゃー

数学が苦手な人は…興味のある分野を1つ見つけること!!

☆ 解き方を覚えておくべき漸化式
基本漸化式 ＋ 4つの漸化式 ＜
① $a_{n+1} = pa_n + q$
② $a_{n+1} = pa_n$
③ $a_{n+1} = pa_n + cr^n$
④ $a_{n+2} = pa_{n+1} + qa_n$

解いたことがなくても、その場の判断で解けるように、総合的な数学力をつけることが大切!!

☆ 軌跡について
軌跡では必ず方程式を求める
→ 方程式が何を表してるかによって図形がわかる

びせきぶん
できるよーになりたい…
わからなかったら
教えてあげる！
わーい

軌跡の問題の解法
① 条件から直接 x, y の数式を導くもの
② 条件から媒介変数表示を経由して x, y の数式を導くもの

第4講

証明問題・整数の勉強法

さて次は
証明問題と
整数の勉強法に
ついて話そう
うーー…
一番苦手な
分野……
大丈夫っすよ
美世さん
俺だって
わかんないっす
あんたは
何にも
わかってない
でしょ
グサー
先に
言っておこう
この2つの
分野は
勉強しても
できるようには
ならない
え？
じゃあ
やる意味
ないじゃん
具体的に言おう
この分野で
必要なことは
主に2つだ

①試行錯誤しながら、
論理的に考えて解くこと
②先を見通せる計算力
難しそ……
たとえば教科書や参考書にのっているこの単元の問題を解答復元練習で覚えたとする
でも模試や入試で見たことがない問題が出たら大抵の人が解けないだろう
どうして……？
この分野を解くためには数学全体の力つまり
『考える力』が必要だからだ

逆に言えばこの分野を勉強することによって数学全体の力を上げることができる
これこそが一番の目的だ!
まず証明問題
証明問題
これはどうやって勉強するのが一番良いと思う?
問題を解いてとにかくたくさん書いて覚えることでしょうか?
悪くないねでも…
もっと良い勉強方法がある

＊典型的な例題は解答復元練習で書く必要もあるよ。

問題

実数 a に対し、$[a]$*1 は a を超えない最大の整数*2 とする。
a, b を実数とするとき次を証明せよ。

$$[a]+[b] \leqq [a+b]$$

たとえば
この証明を
見て

証明

$[a]$の定義より

$$\begin{cases} [a] \leqq a \cdots\cdots ① \\ [b] \leqq b \cdots\cdots ② \end{cases}$$

①＋②より、

$[a]+[b] \leqq a+b$ …… ③

よって、

$[a]+[b] \leqq [a+b]$ …… ④

用語説明

＊1 ガウス記号……
$[a]$の[ ]を「ガウス記号」とよぶ。
ある値を超えない最大の整数のこと。

＊2 整数……
1からはじまり、1ずつ増える数
1, 2, 3, 4, 5,……（自然数）に
「0」とマイナスの数を合わせた数
……, −3, −2, −1, 0, 1, 2, ……のこと。

理屈を考えながら
これを丁寧に
読んでごらん
君たちのような
高校生なら
5分～10分が
適当だ
①＋②を
計算すると
③になることは
わかるぞ
あたり前だろ
ボソッ
うっせ

ここでは*行間を読むことが大事なんだ
証明の①〜④を説明していこう
たとえば①と②の理由はわかるかな?
*行間を読む……文章には直接表現されていない真意をくみ取る。
[a]はaを超えない最大の整数って書いてあるので……
そのとおり
[a]の定義より なぜ①と②が出てくるのか もう少し詳しく説明しよう
[a]はaを超えない最大の整数だ
aを超えない所
aを超えている所
[a]
a
じゃあaが3.28の場合 [a]は何かわかる?
3です
aを超えない所
aを超えている所
[a]
a
[a]はaを超えない所に存在しその中で最大の整数
3.28

「xはをa超えない」ということは「$x \leqq a$」と表せるんだ
そうだね
そうか だから①は $[a] \leqq a$
なんとなくわかった気にならないできちんと分析し深く考えること
それが熟読だ

じゃあ③の式も確認してみよう

③ $[a]+[b] \leqq a+b$の証明

(右辺) − (左辺)

$= a+b-([a]+[b])$

$= (a-[a])+(b-[b]) \geqq 0$

①より$a-[a] \geqq 0$, ②より$b-[b] \geqq 0$

よって(右辺) − (左辺) $\geqq 0$

$\therefore [a]+[b] \leqq a+b$

(右辺)−(左辺)が0以上と証明されれば(右辺)は(左辺)と同じかそれより大きいとわかるんだ
①の式 $[a] \leqq a$を移項すると $a-[a] \geqq 0$となるよ
②も同じだよ!

じゃあ最後に④だ
ポイントは③の式の読み取り
ヒントを出そう
③の式は「[a]+[b]はa+bを超えない整数」と解釈する
例
a+bを超えない整数
[a]+[b]≦a+b
3+4 ≦3.8+4.4
a=3.8
b=4.4
の場合
えっと……どういうこと……?
上の例の場合3.8+4.4=8.2を超えない最大の整数は何?
えと…8です
そのとおり
それを[a+b]としてa+bを超えない最大の整数とするんだ
じゃあ、[a+b]と[a]+[b]はどっちが大きい?
あ……[a+b]だと思います
そのとおり!
[a]+[b]≦[a+b]

もう少し具体的に説明してみよう
君の学校のクラスで一番運動神経のいい生徒の名前を一人あげるとすると誰だい？
石垣だと思います サッカー部の
この前ハットトリックだ・たし…
じゃあもう一人誰でもいいからクラスの友達をあげてみて
喜村とか…茶道部の
じゃあ石垣君と喜村君をくらべたら
どっちが運動神経がいいかな？
……石垣です
それが答えだ
えっ……

頂点に立つのは？

つまりこういうこと
$a+b$を超えない整数
〜最大は何？〜
$[a+b]$
ほかの何よりも最大
$[a]+[b]$, $[a]$, $[b]$,
………
進のクラス
〜運動神経No.1は誰？〜
石垣君
ほかの誰よりも運動神経がいい
そうか……！
これは
『xが集合Aの最大値』であるとき
『$y \in^{*} A$ならば$y \leqq x$』ということだ
$y \in A$ならば
$y \leqq x$
yが集合Aにあるならyはxより小さいか同じ
集合A
x
集合Aの中で最大値
y
xには勝てないもの…

*∈……集合に属すること。この場合、「yが集合Aのもとにある」という意味。

$y \leqq x$は どうして「<」ではなく「≦」なのかわかる？
$y = x$の場合もあるから……でしょうか？
そのとおり だから $[a]+[b] \leqq [a+b]$も 「<」ではなく「≦」になる
$[a]+[b] \leqq [a+b]$
細かいところまでつきつめて自問自答を繰り返し解決していく
熟読ではそれも大事だ！
④をもう一度まとめよう
$[a]+[b] \leqq [a+b]$……④
$[a]+[b]$が$a+b$を超えないので
$a+b$を超えない最大の整数である
$[a+b]$にはかなわない。
→だから④が成り立つ
一種のアナロジーか
何？

これは一種のアナロジー
とにかく丁寧にひとつひとつの理由理屈を考えていくこと
スゲ…
これが熟読だ
証明やってみる……！
うん
証明問題はたとえば
50個読んだら…
フムフム
1つだけ書けるようになった！
くらいの感覚で気楽に考えていい
書けるようになるのは難しいけど
読むだけでも数学の力は十分つくよ

とにかく読む！
読んで読んで読みまくることで数学力はアップする！
次に整数の勉強法だ
整数
ここも証明問題と同じく対策が取りにくい分野だ
たとえば数学Ⅱの積分法の面積の問題なら
何問か解いたことがあれば類似問題には対処できるようになる

でも整数は似た問題でも全然違う解法になることもある
10回も練習したのに
解けない………
たとえ10問練習しても11問目が解きにくい分野と言える
やだなー
そして証明と同じように数学全体の力を必要とされる
具体的な勉強方法を説明してみよう
教科書
入試対策問題集
まずは教科書レベルの勉強と入試レベルの勉強を完全に分けて考えること
教科書レベルの問題ならほかの分野と同じく教科書や参考書を理解して解答復元練習で十分対策できる
でも入試レベルの対策はほかの分野の対策が終わって自分の数学力が高くなってから勉強した方が良い

つまり入試レベルの勉強は後回しだ
後回し……
そのまま忘れるなよ
バッ
ふん ちゃーんとノートとってるぜ！
ふーん
入試レベルの問題に手をつけるのは一番最後
文系ならI・A／II・B 理系ならIIIが終わったあとだ
ちなみに整数の問題を解くときに君たちに意識してほしいことがひとつある
それは論理的に考えること
整数の問題では必要条件を使うことが多い
必要条件ってなんだっけ……
必要条件はセンター試験でよく出てくるよね
pはqであるための必要条件は$q \to p$が真（正しい）っていうやつだ

うーん
これを論理的に使う
必要条件はざっくり言うと消去法の考えだ
しょうきょほう?
選択問題でよく使うやつか
うん
消去法とは答えではないと判断したものを
選択肢から外すことだ
たとえばロンドンオリンピックでメダルを取るためには
ロンドンオリンピックに出場することが必要条件だ

図にすると
わかりやすい
ロンドンオリンピックで
メダルを取る
ロンドンオリンピックに出る
←
○
p
q
$q \Rightarrow p$が真（正しい）のとき、
pはqであるための必要条件
じゃあ
この問題を
見てみよう
問題
日本人のすべての名前が載った名簿がある（ただし、五十音順とは限らない）。この中で、ロンドンオリンピックでメダルを取った人を探せ。
日本の人口は約1億3千万人
ロンドンオリンピックでの日本人メダリストは77人
メダリスト
77人
日本の人口
130,000,000人
うーむ…
つまり
1億3千万人から
その77人を探す
ことになる

メダルを取るための必要条件は……
オリンピックに出場することです
そう オリンピックに出場することが必要条件だとわかったら
日本の人口
130,000,000人
大部分が消える
オリンピック出場者
メダリスト
1億3千万人のうちオリンピックに出場していない人が選択肢から消える
まさに消去法の考え方だ
確かにオリンピックに出てなけりゃメダルは取れない
これを数学では*対偶という
＊対偶……「pならばqである」に対して、仮定および結論を否定して、同時に両者を入れかえた「qでないならばpでない」という形の命題。
たいぐう……？

さっきの対偶はこうなる
ロンドンオリンピックに出る
p
ロンドンオリンピックでメダルを取る
q
← ○
対偶
ロンドンオリンピックに出ていない
$\overline{p}$
ロンドンオリンピックでメダルを取れない
$\overline{q}$
→ ○
$q \Rightarrow p$ が真（正しい）のとき、対偶の $\overline{p} \Rightarrow \overline{q}$ も真
一般的にpがqの必要条件のとき「$q \rightarrow p$」は真だ このとき対偶「pでない→qでない」も真
つまりpでないものはqにはなりえないことを意味するから必要条件をみたさないものはqにはなりえないということ
これは集合の包含関係からもわかる
ほうがんかんけい……

ロンドンオリンピックでメダルを取る
ロンドンオリンピックに出る
← ○
p
q
一般に q→p が真のとき qをみたす集合Qは pをみたす集合Pに含まれる
日本人全体
P：オリンピックに出た人
Q：メダルを取った人
この図を見ると集合Pの外側には集合Qの要素はひとつもない
確かに……
だからPの外側は答えではないから選択肢から外せるこれは*複数解釈の例だね
でもまだ答えは見つかっていない必要条件では答え以外を見つけているだけだから最後に残った選択肢から答えを探す必要がある

＊複数解釈……第1講P.45で説明した、ひとつのものごとをいろんな見方でとらえること。

これを十分性の確認という
今回の場合オリンピックに出た人の中でメダルを取った人を探す作業だ
そしてもうひとつ大事なことがある
それは試行錯誤しながら適度な必要条件を見つけることだ
どういうことだ……？
オリンピックでメダルを取るための必要条件はたくさんあるが
中には問題を解くためには役に立たないものもあるたとえば…
『ロンドンに行ったことがある』も必要条件だ
←
○
p
ロンドンに行ったことがある
q
ロンドンオリンピックでメダルを取る

でも
ロンドンに
行ったことがある
日本人は多いから
ロンドンに
行ったことが
ない人を消去しても
まだ多くの
選択肢が残ってしまう
じゃあこの場合
あとはどんな
必要条件があるかな？
中学生以上も
必要条件ですね
適当な必要条件とは
言えませんが
中学生以上？
日本人では
オリンピックの
メダリストは
14歳が最年少
つまり
小学生以下の
メダリストは
日本にはいない
そうだね
でもこれだと
小学生以下という
選択肢が
消えるだけで
あまり
役に立たない
←
○
p
中学生以上である
q
ロンドンオリンピックで
メダルを取る

このように必要条件はたくさんある
大切なのは考察と試行錯誤で適切なものを見つけること
これが整数の難しさでもある

問題 **$x^2+4xy+5y^2=4$ をみたす整数 x, y をすべて求めよ。**

それをふまえて次の問題を見てみよう

解答 与えられた方程式を変形すると、

$$(x+2y)^2+y^2=4$$

ここで、$(x+2y)^2 \geqq 0$, $y^2 \geqq 0$ であるから、

$$0 \leqq y^2 \leqq 4$$

よって、$y=-2, -1, 0, 1, 2$

$y=0$ のとき、$x^2=4$ より、$x=\pm 2$
$y=1$ のとき、$x^2+4x+1=0$ より、不適。
$y=-1$ のとき、$x^2-4x+1=0$ より、不適。
$y=2$ のとき、$x^2+8x+16=(x+4)^2=0$ より、$x=-4$
$y=-2$ のとき、$x^2-8x+16=(x-4)^2=0$ より、$x=4$

したがって、

$$(x, y)=(2, 0), (-2, 0), (-4, 2), (4, -2)$$

どうして「0以上」だとわかるの？
↓
すべての実数は2乗すると0以上になるよ。
たとえば……
$(-3)^2=9$ とか、
$4^2=16$ とかね♪

どうして
$y=-2, -1, 0, 1, 2$ とわかるの？
↓
「$y^2 \leqq 4$」より、
$0^2=0 \leqq 4 \to$ ○
$(\pm 1)^2=1 \leqq 4 \to$ ○
$(\pm 2)^2=4 \leqq 4 \to$ ○
$(\pm 3)^2=9 \leqq 4 \to$ ×
2乗して4以下になるのは上の5つ

この中で必要条件になっているところがあるどこかわかる?
$y^2 \leqq 4$の部分です
そう正解
整数x, yが
$x^2+4xy+5y^2=4$
をみたす
←
○
整数yは
$y^2 \leqq 4$
をみたす
q
p
$q \Rightarrow p$が真(正しい)のとき、
pはqであるための必要条件
必要条件は消去法の考え方この場合
$y=-2, -1, 0, 1, 2$
以外の値は答えになりえない
ことを意味する
必要条件をみたさなければ答えにならない……

でも消去法の考えだから
$y = 2, 1, 0, -1, -2$ が
答えかどうかはわからない

だからここで
十分性の確認を行う

問題

$x^2 + 4xy + 5y^2 = 4$ をみたす整数 x, y をすべて求めよ。

解答

与えられた方程式を変形すると、

$$(x + 2y)^2 + y^2 = 4$$

ここで、$(x + 2y)^2 \geqq 0, y^2 \geqq 0$ であるから、

$$y^2 \leqq 4$$

よって、$y = -2, -1, 0, 1, 2$

必要条件

整数 y は $y^2 \leqq 4$ をみたす（p） ← ○ 整数 x, y が $x^2+4xy+5y^2=4$ をみたす（q）

$y = 0$ のとき、$x^2 = 4$ より、$x = \pm 2$
$y = 1$ のとき、$x^2 + 4x + 1 = 0$ より、不適。
$y = -1$ のとき、$x^2 - 4x + 1 = 0$ より、不適。
$y = 2$ のとき、$x^2 + 8x + 16 = (x + 4)^2 = 0$ より、$x = -4$
$y = -2$ のとき、$x^2 - 8x + 16 = (x - 4)^2 = 0$ より、$x = 4$

十分性の確認

したがって、

$$(x, y) = (2, 0), (-2, 0), (-4, 2), (4, -2)$$

整数の問題では どういう論理なのかを 考えながら読むこと そうすれば 必ず力がつく
ノートや参考書に 論理構造を書きこんで 分析してみるといい
よし 第4講は これでおしまい

証明問題・整数の勉強法

証明問題・整数の分野で必要なこと

ひつよう

① 試行錯誤しながら，論理的に考えて解くこと。
② 先を見通せる計算力

☆証明問題の勉強法
→最も大切なことは…熟読すること

◎じっくり丁寧に読むこと
◎ひとつひとつの理由・理屈を考えて読むこと

証明問題は．
50個読んだら1つだけ
書けるようになった！くらいの
感覚で気楽に考えていいよ

☆整数の勉強法
→教科書レベルと入試レベルの勉強を
完全に分けて考えること！

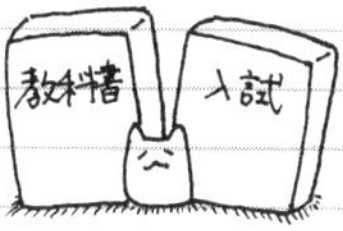

手をつけるのは…
文系→Ⅰ・A／Ⅱ・B
理系→Ⅲ
が終わったあとでOK！

整数の問題を
解くときに
意識すること

⇒ **論理的に考えること！**

ノートとか参考書に
論理構造を書き込んで
分析してみるといいよ

にゃー

全日本高校
ロボット選手権大会
14
14

コラム
～数学Ⅲの勉強法～
ここでは数学Ⅲの勉強法について話そうと思う
Pythagoras
この中に理系の人って何人くらいいるかな？

現行課程での数学Ⅲは
旧課程で
数学Ⅲと呼ばれる分野の
極限、微分法、積分法に

新分野の『複素数平面』と
旧数学C分野の
『いろいろな曲線』が
合わさった
非常に範囲の広い分野だ

現行課程の数学Ⅲ

旧数C分野
③いろいろな曲線
新分野
②複素数平面
①旧過程数学Ⅲ
(極限・微分法・積分法)

また理系のみが履修するので教科書自体の難易度も高い
当然分野ごとに勉強方法も違ってくるだからわかりやすく3つに分けてアドバイスしよう
旧数C分野
③いろいろな曲線
新分野
②複素数平面
①旧課程数学Ⅲ
(極限・微分法・積分法)
まずは①極限 微分法 積分法
ドン
この分野の大学入試での出題は
数学Ⅰ・A Ⅱ・Bと違い*思考力よりも計算力が必要とされる
計算力
思考力
数学Ⅰ・A/Ⅱ・B
計算力
思考力
数学Ⅲ
うーむ…
おおおお

＊本来であれば、数学Ⅰ・A／Ⅱ・Bより思考力を必要とするけれど、入試問題として出題したら、ほとんどの生徒が解けなくなってしまうから、あまり凝った問題は出題されず、計算重視の問題が多いよ。

たとえば大学入試ではこんな感じで出題されている
無限級数 $\sum_{n=1}^{\infty}\frac{1}{n(n+2)}$ の和を求めよ。(早稲田大)
関数 $y=\frac{1-x^2}{1+x^2}$ を微分せよ。(宮崎大)
定積分 $\int_0^{\frac{\pi}{4}} x\sin 2x dx$ を求めよ。(福島大)
2次関数では「頂点の座標を計算せよ」なんて単純な計算問題はまず出ない
でもこの分野は「極限を求めよ」「微分せよ」「積分せよ」だけで入試問題になってしまう
こういう問題は数学力つまり問題文の意味を読み取る力はあまり必要とされない
何も考えない…
単純に計算スキルの問題と言える

じゃあ計算を一生懸命すればいーのか……
でも
計算練習ばかりしてもだめだ
え？
確かに計算が重要な分野だが
もっと大切なのは根本原理
コアの部分をつかみなぜそうなるかを常に考えることだ
コアが大切…
根本を大切にしないと計算も定着しにくい
たとえば
$\sin x$ の微分がなぜ $\cos x$ になるのか理解できずに $(\sin 2x)' = 2\cos 2x$ ができても意味がない
理由はわからないけど、答えは合ったぞ！

それじゃあ
この二つの公式を
組み合わせただけだ

微分法の公式	合成関数の微分法の公式
$(\sin x)' = \cos x$	$\{g(f(x))\}' = g'(f(x)) \times f'(x)$

この二つを組み合わせると

$$(\sin 2x)' = \cos 2x \times (2x)' = 2\cos 2x$$

$g(x) = \sin x, f(x) = 2x$
と考える

大切なのは考える力を育て数学力を上げること
だから sin x の微分がなぜ cos x になるか
こんな風に基本公式の原理は確認しておこう

$$(\sin x)' = \lim_{h\to 0}\frac{\sin(x+h)-\sin x}{h}$$

$$= \lim_{h\to 0}\frac{2\cos\left(x+\frac{h}{2}\right)\sin\frac{h}{2}}{h}$$

$$= \lim_{h\to 0}\frac{\sin\frac{h}{2}}{\frac{h}{2}} \times \cos\left(x+\frac{h}{2}\right) = \cos x$$

$$\lim_{h\to 0}\frac{\sin\frac{h}{2}}{\frac{h}{2}} = 1, \lim_{h\to 0}\cos\left(x+\frac{h}{2}\right) = \cos x$$

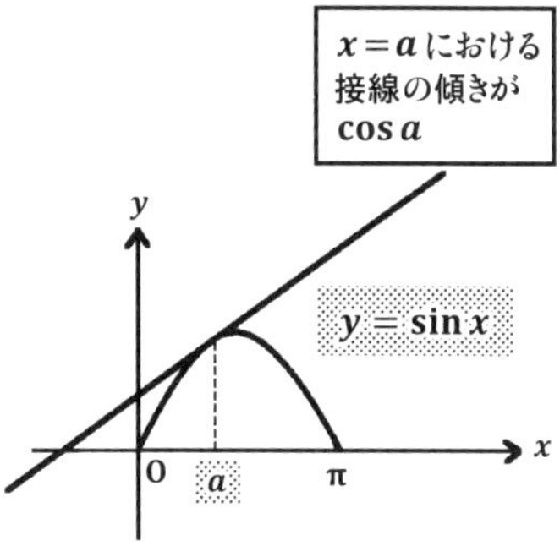

x = a における接線の傾きが cos a
y
y = sin x
x
0
a
π

$\boldsymbol{x^{-2}}$を定義にもとづいて微分させる（津田塾大）

$\boldsymbol{x^2 \cos 3x}$を定義にもとづいて微分させる（福島県立医科大）

$\boldsymbol{\sqrt{x-1}}$を定義にもとづいて微分させる（滋賀県立大）

$\boldsymbol{1+\cos x}$を定義にもとづいて微分させる（浜松医科大）

$\boldsymbol{\dfrac{1}{x}}$を定義にもとづいて微分させる（広島大）

$\boldsymbol{a^x}$を定義にもとづいて微分させる（名古屋市立大）

今までと同じで根本原理をつかむことは大切
ただここでは計算が非常に重要だから今までよりも計算練習にあてる時間を多くとること

実際に部分積分で計算練習の勉強の仕方を説明しよう
まずは部分積分のしくみを知ることだ
そのあと典型的な例題でその使い方を確認する

部分積分のしくみ

積の微分法を変形して作ったもの

積分する　そのまま

$$\int f(x)\,g(x)\,dx = f(x)\,G(x) - \int f'(x)\,G(x)\,dx$$

そのまま　微分する

原理 積の微分法

$$\{f(x)g(x)\}' = f'(x)g(x) + f(x)g'(x)$$

を積分公式に直したもの

問題 $\int xe^x dx$を計算せよ。

解答

積分する　そのまま

$$\int x\,e^x\,dx = x\,e^x - \int 1\cdot e^x\,dx$$

そのまま　微分する

$= xe^x - e^x + C$（Cは積分定数）

部分積分で重要なのはどちらが$f(x)$でどちらが$g'(x)$なのかの判断
まずは典型問題を解いて確認する
たとえば…… $x\sin x$ $x\log x$ $\log x$ など
ここで大切なことは2つ 典型問題との類似点・相違点を感じながら自分で手を動かして解くこと
そのあとは数値を少し変えた程度の問題をこなす 目安は典型問題の5倍くらいの数を解くこと
たとえば…… $x\sin 2x$ や $(x+1)e^x$ など
そして1問あたりの解く時間を決めてなるべく答えを見ないで自力でやること
先生
うん どうしたの？
微分・積分は数学I・A／II・Bの知識が必要ですよね？
そこを完璧に理解してから数学IIIに進むべきでしょうか？
確かに数学IIの三角関数、指数・対数、微分法・積分法の知識は必要だ
でも
完璧って難しいだろ

だから数学I・A／II・Bを完璧にするより数学IIIに取り組みながら必要に応じて数学I・A／II・Bを勉強した方がいい
次は②複素数平面だ
新分野 ②複素数平面
これは新課程になってから新しく増えた分野だね
さて図形の問題はどうやって解くのか
高校数学では図形の問題を図形のまま解くことはしない
たとえば第3講で話した軌跡の問題 図形はどうやって求めたっけ？
方程式から求めました
そうだったね

直接図形を求めるのではなく方程式から図形を求めただろ
問題
原点Oからの距離が5である点Pの軌跡を求めよ。
解答
点 $P(x, y)$ とおく。
原点からの距離が5なので、
$\sqrt{(x-0)^2+(y-0)^2}=5$
$\therefore x^2+y^2=25$
このように高校数学では図形的情報は数式で表現され逆に数式は図形的情報を意味する
たとえば
$\cos\theta=\frac{1}{2} \Rightarrow \theta=60^\circ$
$\overrightarrow{AB}\cdot\overrightarrow{AC}=0 \Rightarrow \angle BAC=90^\circ$
とかね
複素数平面はその最たる分野だ
問題文の状況を数式に変換する
計算する
数式の図形的意味を読み取る
図形の問題
数式として表現
別な数式を導く
答え

まずは教科書にある基本公式を見てごらん

異なる3点α, β, γが同一直線上	$\Delta\alpha\beta\gamma \backsim^{*} \Delta pqr$	どの3点も同一直線上にない4点$\alpha, \beta, \gamma, \delta$が同一円周上
⇓	⇓	⇓
$\dfrac{\beta-\gamma}{\alpha-\gamma}$ が実数	$\dfrac{\beta-\gamma}{\alpha-\gamma}=\dfrac{q-r}{p-r}$ または $\dfrac{\beta-\gamma}{\alpha-\gamma}=\dfrac{\overline{q}-\overline{r}}{\overline{p}-\overline{r}}$	$\dfrac{\beta-\gamma}{\alpha-\gamma}\div\dfrac{\beta-\delta}{\alpha-\delta}$ が実数

それらは図形的性質を数式に直してある

＊∽……相似記号。

その証明を確認しよう
これは第4講で説明した証明問題の勉強法と同じだ
とにかく**読むことを中心に勉強**してほしい
最後 ③いろいろな曲線
旧数C分野
③いろいろな曲線
ドン

これは数学Ⅱの図形と方程式で扱った軌跡や直線との位置関係の問題
また第3講でも扱った媒介変数表示についてのさらなる勉強を*2次曲線を用いて行う

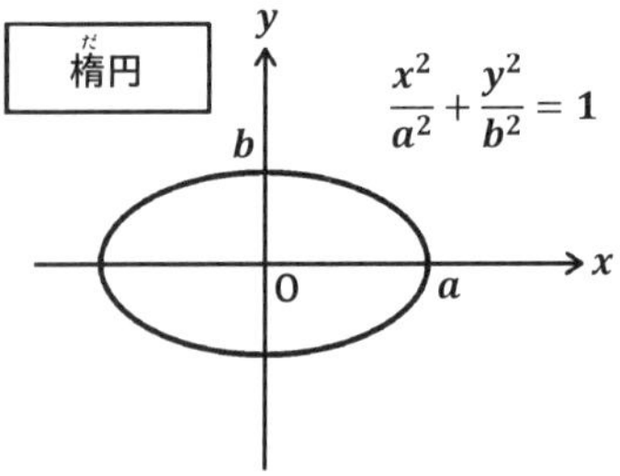
楕《だ》円
$\frac{x^2}{a^2}+\frac{y^2}{b^2}=1$
y
b
x
0
a

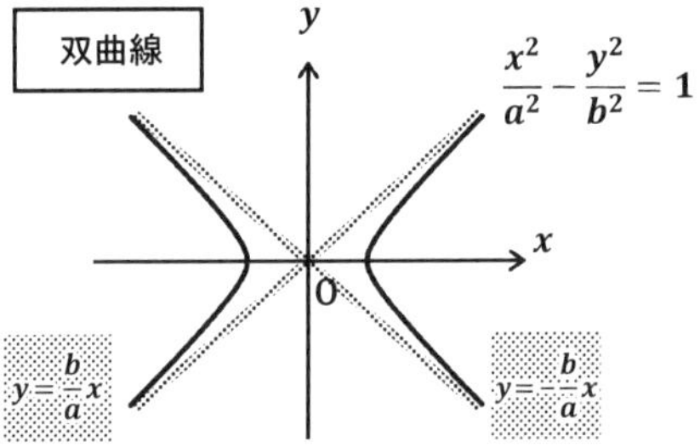
双曲線
$\frac{x^2}{a^2}-\frac{y^2}{b^2}=1$
y
x
0
$y=\frac{b}{a}x$
$y=-\frac{b}{a}x$

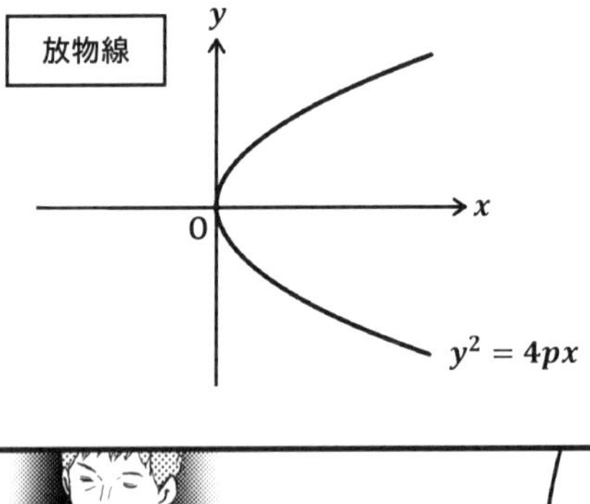
放物線
y
x
0
$y^2=4px$

このとき新しい定義がいくつか出てくる
準線
焦点

＊2次曲線……2次方程式によって表される曲線。放物線・楕円・双曲線の総称。

だからまずは根本原理を確認しておこう
定義については最初は見ながら解いてもかまわない
文系のみんなには少し退屈だったかな?
ブン
ブン
まあでも文系・理系関係なく数学の勉強をする君たちに一番伝えたいのは
数学は暗記科目ではないということ
理系のみんなは数Ⅲの勉強も頑張ってくれよ
さて少し休憩しよう

ザワ
ザワ
高満
外で休もうぜ
ガタッ
まって
一緒に行くー
ガッ
!
おっと…
ガシャ
ズッ
スッ
ど…どうぞ…

……!
どうも…
タ タ タ…
内容
濃かったなー
グビ
グビ
私
数学で
好きな分野
見つけよ
俺は
微分・積分
マスターになる
今日から!
スクッ
はいはい

ぼーっ
高満…? 勉強のしすぎでおかしくなったのか
どした?
別に
あ そーいえば これ見ろよ
なに その本?
大学選びのための職業・進路案内
つきたい職業へのステップがのってんだけど あーと これこれ
あ キャビンアテンダントのなり方
ほら 高満君のもあった
弁護士!!

俺がなりたい
スポーツ
インストラクターも
のってたんだ
パラ
いいねー
これ
パラ
ねーちゃん
俺
警察官になるわ
職業・進路
え？
なんで
警察官なのよ？
決めた
進君に
似合うと思う
…！
ありがとう
美世さん
それでは
授業を再開
します

第5講

共通テスト・2次試験の勉強法

さて
早速だけど
共通テスト
って
どうやって
対策したら
いいと思う？
会話形式の
問題があるな
日常生活の
身近な話題を
扱ったものも
あったような
……

共通テスト形式の問題集をたくさんやればいいんじゃない？
うん確かに
共通テスト特有の出題傾向に慣れることは大事だが
それに振り回されすぎてはいけない
どういうことだ……？

いちばん大切なことは安定した数学Ⅰ・A／Ⅱ・Bの力をつけること
出題者側も数学ができる人ほど点数がとれるように試験を作成しているからだ

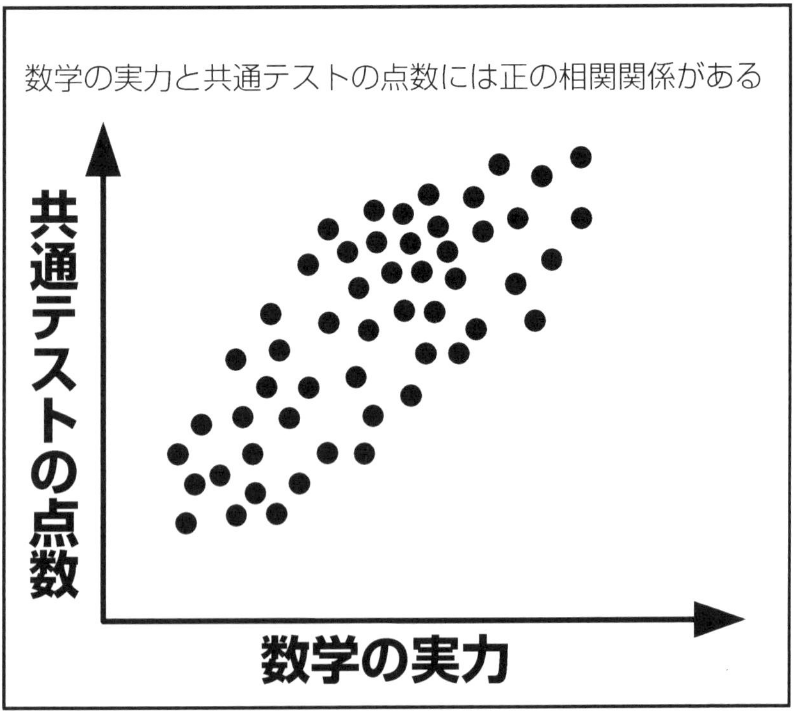
数学の実力と共通テストの点数には正の相関関係がある
共通テストの点数
数学の実力

そのことを頭に入れたうえで
共通テストの出題内容として注意が必要なのはこの３つ
①有名事実に関する問題
②資料の読み取り、日常生活に関する問題
③複数の解答を議論する問題

まず①有名事実に関する問題
共通テストでは重心と外心が一致する三角形について出題された
これは数学Ⅰ・Aで習う有名事実だ

令和3年度 共通テスト 第2日程 数学Ⅱ・B
第1問（必答問題）〔2〕より一部抜粋

〔2〕 座標平面上の原点を中心とする半径1の円周上に3点 P$(\cos\theta,\ \sin\theta)$，Q$(\cos\alpha,\ \sin\alpha)$，R$(\cos\beta,\ \sin\beta)$がある。ただし，$0 \leqq \theta < \alpha < \beta < 2\pi$ とする。このとき，s と t を次のように定める。

$$s = \cos\theta + \cos\alpha + \cos\beta, \quad t = \sin\theta + \sin\alpha + \sin\beta$$

(1) △PQR が正三角形や二等辺三角形のときの s と t の値について考察しよう。

考察1

△PQR が正三角形である場合を考える。

この場合，α，β を θ で表すと

$$\alpha = \theta + \frac{\boxed{\text{シ}}}{3}\pi, \quad \beta = \theta + \frac{\boxed{\text{ス}}}{3}\pi$$

であり，加法定理により

$$\cos\alpha = \boxed{\text{セ}}, \quad \sin\alpha = \boxed{\text{ソ}}$$

である。同様に，$\cos\beta$ および $\sin\beta$ を，$\sin\theta$ と $\cos\theta$ を用いて表すことができる。

これらのことから，$s = t = \boxed{\text{タ}}$ である。

このような問題の対策として物事を理解するときはその事実だけではなく
「なぜそうなるのか」を理解して
それを証明できるようにしておこう
教科書に載ってるよね？
う……うん

教科書の公式の「証明」部分を徹底的に読み込んで理解することは
2次試験対策の基礎固めにもつながる
公式を覚えるのに必死で
証明は読みとばしてるな……

友人を相手に説明して疑問点を投げてもらい
それに答えるのも良い練習になるからぜひやってみよう
?
A
c
b
o
B
a
C
$\frac{a}{\sin A}=\frac{b}{\sin B}=\frac{c}{\sin C}$
毎日やろうぜ
毎日は多いだろ……

次に②データの分析での資料の読み取りや日常生活に関する問題だ

令和3年度 共通テスト 第1日程 数学Ⅰ・A
第2問（必答問題）〔1〕より一部抜粋

〔1〕 陸上競技の短距離100 m走では，100 mを走るのにかかる時間(以下，タイムと呼ぶ)は，1歩あたりの進む距離(以下，ストライドと呼ぶ)と1秒あたりの歩数(以下，ピッチと呼ぶ)に関係がある。ストライドとピッチはそれぞれ以下の式で与えられる。

$$\text{ストライド(m/歩)} = \frac{100\,(\text{m})}{\text{100 m を走るのにかかった歩数(歩)}}$$

$$\text{ピッチ(歩/秒)} = \frac{\text{100 m を走るのにかかった歩数(歩)}}{\text{タイム(秒)}}$$

ただし，100 m を走るのにかかった歩数は，最後の 1 歩がゴールラインをまたぐこともあるので，小数で表される。以下，単位は必要のない限り省略する。

例えば，タイムが 10.81 で，そのときの歩数が 48.5 であったとき，ストライドは $\frac{100}{48.5}$ より約 2.06，ピッチは $\frac{48.5}{10.81}$ より約 4.49 である。

なお，小数の形で解答する場合は，**解答上の注意**にあるように，指定された桁数の一つ下の桁を四捨五入して答えよ。また，必要に応じて，指定された桁まで⓪にマークせよ。

(1) ストライドを x，ピッチを z とおく。ピッチは 1 秒あたりの歩数，ストライドは 1 歩あたりの進む距離なので，1 秒あたりの進む距離すなわち平均速度は，x と z を用いて $\boxed{\text{ア}}$ (m/秒) と表される。

これより，タイムと，ストライド，ピッチとの関係は

$$\text{タイム} = \frac{100}{\boxed{\text{ア}}} \qquad \cdots\cdots\cdots\cdots\cdots\cdots ①$$

と表されるので，$\boxed{\text{ア}}$ が最大になるときにタイムが最もよくなる。ただし，タイムがよくなるとは，タイムの値が小さくなることである。

$\boxed{\text{ア}}$ の解答群

⓪ $x + z$	① $z - x$	② xz
③ $\frac{x + z}{2}$	④ $\frac{z - x}{2}$	⑤ $\frac{xz}{2}$

まず日常生活に関する問題だが
これは共通テストになって初めて出題された
僕から見て難易度は高くはないが
出題形式に慣れていない生徒や設定の読み取りができていない生徒が多かったことで
第1回目の共通テストでは得点率が低かった

またデータの分析も共通テストになってから少し変化が見られた
従来は変数変換人数変化などの数学的解析が必要な問題が多かったが
第1回目の共通テストではデータや資料の読み取り問題しか出題されなかった
これらにはどう対応したらいいんでしょう
予備校の模擬試験で対応できる
難易度は高くなく慣れの問題が大きいから数多くの模試を受けよう

最後に③
複数の解答を
議論する問題
これは
Aという解法を見た後に
Bという別の解法を
議論する問題だ

平成30年度 共通テスト試行調査
数学Ⅱ・B
第4問（選択問題）より一部抜粋

問題A 次のように定められた数列 $\{a_n\}$ の一般項を求めよ。

$$a_1 = 6, \quad a_{n+1} = 3a_n - 8 \qquad (n = 1, 2, 3, \cdots)$$

花子：これは前に授業で学習した漸化式の問題だね。まず，k を定数として，$a_{n+1} = 3a_n - 8$ を $a_{n+1} - k = 3(a_n - k)$ の形に変形するといいんだよね。

太郎：そうだね。そうすると公比が 3 の等比数列に結びつけられるね。

問題 B　次のように定められた数列 $\{b_n\}$ の一般項を求めよ。

$$b_1 = 4,\ b_{n+1} = 3b_n - 8n + 6 \qquad (n = 1,\ 2,\ 3,\ \cdots)$$

花子：求め方の方針が立たないよ。

太郎：そういうときは，$n = 1$，2，3 を代入して具体的な数列の様子をみてみよう。

花子：$b_2 = 10$，$b_3 = 20$，$b_4 = 42$ となったけど…。

太郎：階差数列を考えてみたらどうかな。

太郎：では，**問題 A** の式変形の考え方を**問題 B** に応用してみようよ。**問題 B** の漸化式 $b_{n+1} = 3b_n - 8n + 6$ を，定数 s，t を用いて

$$\boxed{\text{サ}} = 3\left(\boxed{\text{シ}}\right)$$

の式に変形してはどうかな。

(i)　$q_n = \boxed{\text{シ}}$ とおくと，太郎さんの変形により数列 $\{q_n\}$ が公比 3 の等比数列とわかる。このとき，$\boxed{\text{サ}}$，$\boxed{\text{シ}}$ に当てはまる式を，次の⓪～③のうちから一つずつ選べ。ただし，同じものを選んでもよい。

⓪　$b_n + sn + t$

①　$b_{n+1} + sn + t$

②　$b_n + s(n + 1) + t$

③　$b_{n+1} + s(n + 1) + t$

問題の解き方は1通りではないよね
問題を解いた後答えが合っていればよいかというとそうではない
大事なのは自分の作った解答だけでなく
別解も理解すること
特に「確率」、「数列」、「ベクトル」など
こんな別解もあるんだ……
別解が存在しやすい分野では要注意だ

数列苦手だから勉強しなきゃ…
総括すると「共通テスト」では
数学の『なぜ？ なに？』の部分を聞いてくる
だから普段の勉強でも常に「なぜそうなるのか」
という理屈や根拠を追求することが大事なんだ

もう模範解答の暗記は通用しない
ってことだな……
また、
問題文の情報量が多い
というのも共通テストの1つの特徴だ
数学の基礎力を完璧に身につけただけで
共通テストで良い点をとれるとは限らない

落ち着いて解けば
なんとかなりそうな問題が多いんだけど
いつも時間が足りないんだよな
すごいなお前……

そう
共通テストには厳しい時間の制約がある
必要なのは
制限時間内に問題を解き終える
スピード力!

なるほど
そして スピードアップに 有効なのが
単元ごとの 練習

模試や予想問題集を解いたとき
制限時間内に終わらない人は
どの分野に時間がかかったか
よーく調べてほしい

これから練習するときには
各問題の分野別解答時間を書き出してごらん

数学Ⅱ・Bの場合

(例)*

第1問〔1〕	三角関数	8分
第1問〔2〕	指数・対数	15分
第2問	微積分	15分
第4問	数列	15分
第5問	ベクトル	15分

＊第3問「確率分布と統計的な推測」も選択可です。分野は年度によって変更があるよ。

3回分くらいの試験の時間を書き出して平均をとろう
それで自分の実力がわかる

数学Ⅱ・Bの場合
(例)

第1問〔1〕	三角関数	8分
第1問〔2〕	指数・対数	15分
第2問	微積分	15分
第4問	数列	15分
第5問	ベクトル	15分

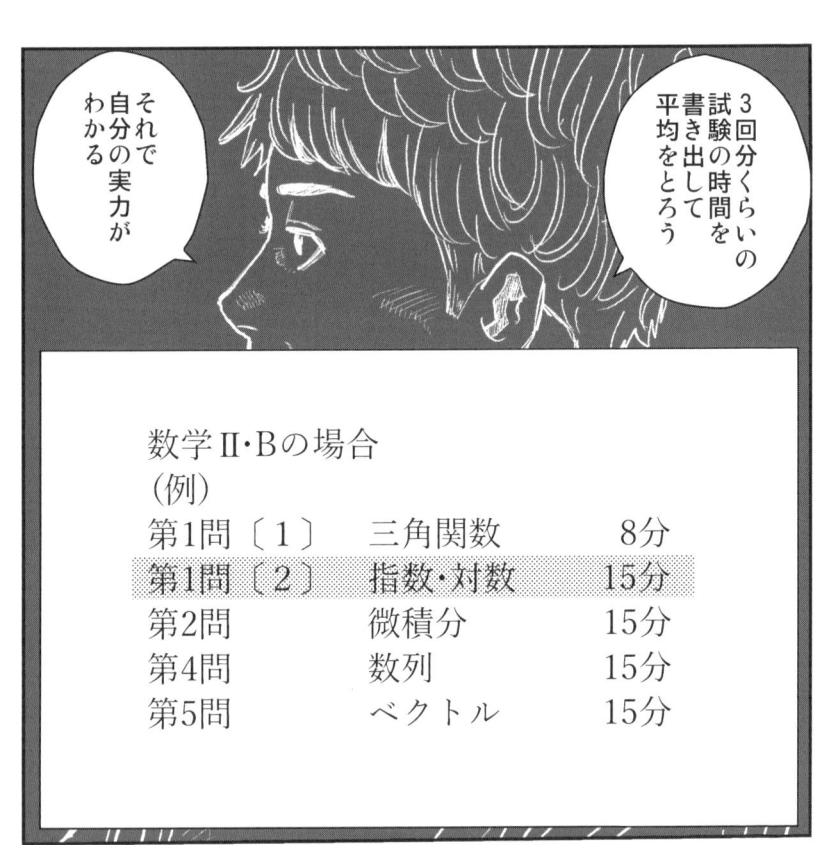

数学Ⅱ・Bは試験時間が60分なので、68分かかると8分のオーバーだ
この場合最大の問題点は指数・対数に時間をかけすぎたこと

単元ごとの練習では
こんな流れで勉強を進めていこう
ココ！
①まず自分の問題点を探り苦手な単元にしぼって勉強する
基礎
カクニン…
②教科書の傍用問題集で基礎を確認
フフフ…!!
③苦手な部分の問題を解く

ちなみに共通テストの第1回は試行調査よりもセンター試験の問題に近かった
だからセンター試験の過去問演習も対策として有効だ！
次に2次試験の対策だが
ここでは注意しなきゃいけないことがひとつある
2次試験は少ない問題数で受験生の学力が測れるように大学側が非常に工夫して出題している
だから一つの問題の中でいろんなテーマが問われている場合がよくある。

でも
物事を
理解するとき
複数のテーマが
問われていると
それは理解の
邪魔になる

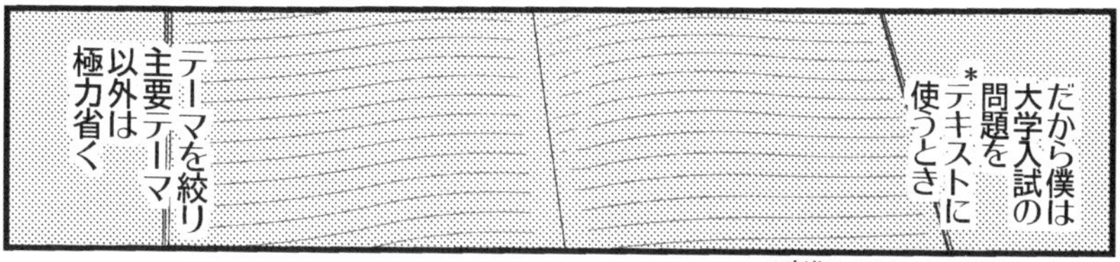
だから僕は
大学入試の
問題を
*テキストに
使うとき
テーマを絞り
主要テーマ
以外は
極力省く

*東進ハイスクールの授業用テキスト。

たとえば
これ

入試問題

(1) 次の条件を満たす数列$\{a_n\}$の
一般項を求めよ。
$a_1 = 3, a_{n+1} = 3a_n + 2$
(2) $a_{n+4} - a_n$は 10 で割り切れることを示せ。
(3) a_nの一の位を求めよ。

テキスト

自然数nに対し$a_n = 4 \cdot 3^{n-1} - 1$とする。
(1) $a_{n+4} - a_n$は 10 で割り切れることを示せ。
(2) a_nの一の位を求めよ。

漸化式の解法を
テーマから外すために
あらかじめ
一般項を与えている

もちろん複数のテーマに慣れる練習も必要だから過去問はやるべきだ
だが2次試験の学力アップのためにまず取り組んでほしいのは*記述用問題集
記述用問題集も大学入試の過去問じゃないのかな？
記述用の問題集はテーマが複数ではない大学入試問題を
筆者が集めていることが多い
また一つの単元ごとに必要なテーマを集めているのもいいところだね
今の力を確認！
つまり勉強の方法としては記述用問題集で学力をアップさせてから過去問を1～2年分解いて現時点での自分の力を確認する

＊記述用問題集……「2次試験」にのみ対応した記述式の問題集のこと。

その際
基礎の抜け落ちを
見つけたら
参考書で補う

過去問でも
弱点分野が見つかれば
記述用問題集で力の向上を図り
再び過去問に戻る
この循環が理想だ

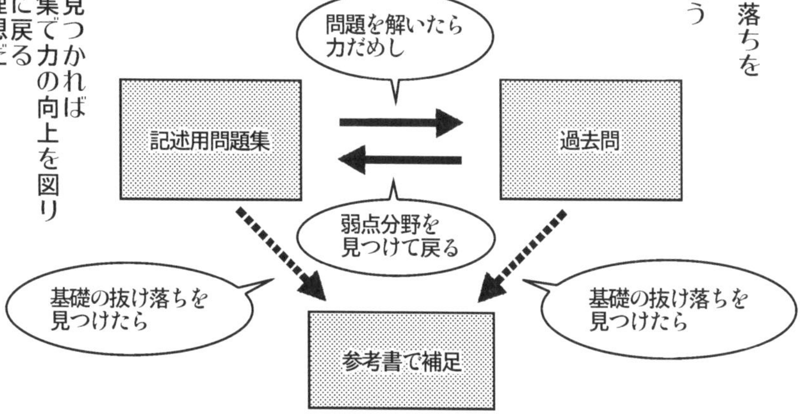
問題を解いたら
力だめし
記述用問題集
過去問
弱点分野を
見つけて戻る
基礎の抜け落ちを
見つけたら
基礎の抜け落ちを
見つけたら
参考書で補足

また共通テストは教科書の節末問題レベルまででよいが
2次試験対策は目標大学レベルに即して少しレベルの高いものまでやること
基礎を固めるのが共通テスト応用レベルが2次試験だと思えばよい
あと2次試験においてもうひとつ大事なことはこれ
4-4-2

2次試験は出題する大学によって分野に偏りが多いだから
過去10年間の出題履歴を見て3つに分類する
①ほぼ毎年出ている分野
②過去10年で1回以上出ている分野
③1回も出ていない分野
①、②、③の勉強にかける理想の時間配分の割合それが4―4―2だ
①は恐らく2分野か3分野くらい
②は10分野くらいだから一分野当たりにかける時間は①の方が大きい
そして③
一回も出ていない分野も必ずやること
よーしこれで共通テストと2次対策の勉強法はおしまい!

共通テスト・2次試験の勉強法

共通テスト対策について

☆一番大切なこと
安定した数学Ⅰ・A／Ⅱ・Bの力をつけること

☆共通テストの出題内容として注意が必要なもの
① 有名事実に関する問題
→ 物事を理解するときは「なぜそうなるのか」を考える
→ 教科書に載っている公式の「証明」部分を読みこむ
② 資料の読み取り，日常生活に関する問題
→ 模試などを活用して出題形式に慣れる
③ 複数の解答を議論する問題
→ 別解にも目を通す

共通テストでは……数学の「なぜ？ なに？」の部分が大切！

2次試験対策について

テーマが複数でない問題で学力アップ！

☆ まずは記述用問題集を進める
↓
過去問を1～2年分解いて自分の力を確認する

☆ 2次試験の対策法

① ほぼ毎年出ている分野	4
② 過去10年で1回以上出ている分野	4
③ 1回も出ていない分野	2

この時間配分が理想！

なんでススムいきなり警察官になりたいなんて…？

あとでみんなでサミットひらこう！

サミットーって（笑）

話し合うの

うん

オ
オ
オ
オ
オ

第6講

参考書・問題集の選び方、使い方

じゃあ
ここで
聞くけど
みんなは普段
参考書や問題集を
どうやって
選んでる？
君はどう？
あまり
参考書は
買いませんが
……
買うときは
ネットで
検索してから
書店で買います
じゃあ
隣の君は？
私は学校の先生が
すすめてくださる
参考書を
いつも買っています
それも
ひとつの手
だね

数学では参考書や問題集を上手に活用してほしい
そのうえであくまで客観的に言うが
ネットの情報は基本的にあてにしない方が無難だ
とくに書評なんかそうだ
私はネットの書評を参考にいつも買っちゃう……
もちろん数は少ないけれど正しい書評も存在する
でもネットの書評を信じるのはとても危険だ
ネットは*ステマだらけだもんねー
私は結構読んじゃってる……

＊ステマ……消費者に宣伝と気づかれないように宣伝行為をすること。

実は
参考書選びも
数学の論理と
同じなんだ
?
数学の論理は
正しいものだけを
積み重ねて
結論に到達する
ドン
そのとき
あいまいなものを
一緒に
積み重ねると
正しい判断が
できなくなってしまう
なんで!?
グラ
グラ
誤?

そもそも
書評は難しい
一冊の本を
丁寧に読んで
類書との解法の優劣
問題の選び方
並べ方などを考えて
判断する大変な仕事だ
使う人の
レベルによっても
異なるから
書評はあくまでも
参考程度に
受け止めること
じゃあ
どうやって参考書を
選べばいいか
それは…
自分で
書店に行って
選ぶこと！
書店に
何度も通って
いろんな本を
手に取って
中身を
見くらべてみよう
自分でくらべることで
自分の学力の
視点から参考書の
良し悪しがわかる

僕が高校生のころは毎日30分は書店に居すわったもんだ
祐太も書店に行くと何時間もいるよなー
ごめん
いつも待たせて…
僕なんかは書店に並ぶほとんどの本に目を通したね
あれあの本がなくなった!
しまいには何の本がいつ売れたかまでわかるようになった
おかげでどの参考書の解説がすぐれているかもよくわかった
ほんと祐太みたいだな……

ちなみに参考書を買うときはざっくりでいいから必ず5分の1程度は試し読みすること
5分の1も読むのか……
参考書は自分に合っていてわかりやすいと納得してから買うこと
参考書選びは
とても数学の勉強になるんだ
もちろん学校の先生や塾の講師が推薦してくれたものを買うのもいい
でもそれはひとつの大事な勉強の機会を放棄することになる
すすめられたものって買っただけで満足してしまいやすいからね
これだ!
これがいいって言ってた
もう安心だ

家で冬眠してる参考書がある……
それはそれは雪深い山で…
数学以外もあるだろ
うう…
数学の参考書・問題集は大きく分けてこの4種類
① 教科書傍用問題集
② 総合参考書
③ 分野別参考書（センターの参考書を含む）
④ 入試対策問題集
①の教科書傍用問題集とは学校が配布する問題集のこと
傍用問題集
あの薄いやつね
うちの学校で配られた外側が厚紙みたいなやつだよな…？
うん

学校で配られた場合は基本それ以外のものを買う必要はない
学校の進み具合に合わせた適度なレベル設定になっているから
予習復習時に活用するにはもってこいだ
最大のメリットは
教科書と同レベルの演習ができること
書店でほかの種類の教科書傍用問題集も売っているけど
後ろに略解しかついてないものが多い
だから自習用には適さないんだ

次は ②総合参考書
総合参考書……？
世間一般でいう大手の出版社が出してるあの分厚い参考書だ
参考書
学校で指定されている場合はそのひとつをやれば十分だ
俺たち学校で指定されてないよな……？
学校で指定されてない場合でも総合参考書は必ず買うこと
これは英語でいう辞書に相当するものだから必需品だ
持ってない……
買いに行こう

ちなみに総合参考書の中に掲載されている基本例題は解答復元練習をする教材になる
総合参考書を書店で選ぶ場合20ページぐらい目を通すといいよ
分量が多いから5分の1は難しいだろう大手出版社のものであれば内容にも大差はないしね
だから高1の早い段階で1種類買っておくこと
ただし自分に合ったできるだけやさしいレベルのものを選ぶこと
やさしいレベル……?
総合参考書も学校の進み具合に合わせて進めていくことが一番大事
基本的な例題を解答復元練習で覚える必要がある
そのためにはサクサクと早くこなせることが最優先だ
難問である必要はない

私が学校で指定されたものってやさしいのかな……
学校で指定されたものがあればわざわざやさしいものに買いかえる必要はない
大切なのは学校のペースに遅れないこと
一度遅れると遅れを取り戻すのが難しい
分厚いからね
数学I・Aが終わってから買ってやるという姿勢だと間に合わない
でも今からじゃ間に合わない人も時間的にしんどい人もいると思う
そういう人は章末にある大学入試の過去問を並べた演習問題の部分は後回しにしていいよ

ちなみに総合参考書は1回通して勉強すれば十分
どうして?
たとえばフセンをつけてそこだけをもう一度やるのはかまわない
でもそれよりも早く次のステップに進む方がもっと大切
そうすると不十分だったところがわかるから必要に応じて総合参考書に戻ろう
一度解いた総合参考書は
2回目以後は辞書として使えば良い

次は
③分野別参考書
これは各単元ごとに解説してあるものだ
これも種類が多いから書店でいろいろ見くらべて選ぼう
同じテーマの問題の解説を数冊見くらべると解法の優劣がわかりやすいよ
参考書
TEXT
分野別参考書を選ぶポイントは
この3つ
① レベルが合っているか
② 問題数が多すぎたり少なすぎたりしないか
③ 解説は自分にとってわかりやすいか
実際に分野別参考書で勉強するときは教科書を先に読んでから学習すること

教科書は
最高の参考書だ
教科書を読んでわからない場合は参考書で勉強してもかまわないが
教科書が面倒だから参考書で勉強するという姿勢では絶対に力はつかない
未習分野の予習や独学での勉強でもまずは教科書から始めること
でも教科書って解答ついてないよな……
教科書には教科書ガイドという便利なものがある
必要であればそれも活用しよう

大切なのは教科書を先にやること
よく理解できた単元はそのまま総合参考書に進む
流れとしてはこれが理想
教科書
理解できない
分野別参考書
分野別に理解したら
総合参考書
理解できた
教科書だけでいまいちピンとこないならその時点で分野別参考書を購入するといい
ただしすべての単元を分野別参考書でカバーしないこと
一分野ごとの分量が多くていつまでも終わらないなんてことになる…
また説明が丁寧すぎて自分であまり考えなくなってしまう可能性がある

数学の学習では自分が考える余地を常に残しておくものなんだ
たけのこみたいだな
はい？
たけのこを調理するときはアクを取りすぎずわざと苦味を少し残すんだ
料理人かっ
大切なのは分野別参考書だけで勉強を終えず
そこから学んだ内容をベースに総合参考書にあたることだ

じゃあ最後
④入試対策問題集
について
これらは
ひとつの単元
もしくは
教科書一冊が
終わってから
使うのが一般的
総合参考書の
演習用として
同時並行で
進めるのも良い
問題集は
基本から応用まで
幅広くあるよね
だから
選び方に
注意したい
コレ?
コレ?
目安は
自分の
レベルを考えて
そこから
2ランクくらい下の
レベルを選ぶこと
書店で目を通して
自力で3分の1以上
解けるもの
こんな
簡単なもので
いいのかなぁ
というレベルで
かまわないが
なぜだと
思う?
自分の力だけで
解く必要がある
から……?

正解
総合参考書だと学校で一部を説明してくれるし
塾のテキストなら塾の講師がわかりやすく説明してくれるから多少難しくてもかまわない
でも問題集は完全に自力で考え進めていくべきところだ
これこそが数学の本質
説明を聞いて理解できることが目的ではない
問題は自力で解けなければ意味がない！
問題集はその力をつける大切な場所だ
だから自力で解けるレベルの参考書を選びたい

よく問題集が解けずフセンをたくさんつけて質問に来る生徒がいるが
それは問題集の選択を間違っているからだ
塾などでわかりやすく教えてもらえることは自力で解くきっかけを与えられただけだと考えてほしい
あれもこれも質問に来る子にはこう聞きたいね
いつ考える練習をするの？
ドッ
今でしょ（笑）！
参考書は自分に合った一冊を選んで何度も繰り返す
一冊を2〜3回繰り返して理解できたら二冊目に移ろう
基本事項の抜けがでれば総合参考書に戻る
よーし第6講はここまで

参考書・問題集の選び方、使い方

☆ 参考書は，自分で書店に行って選ぶこと！

いろんな本を手に取って
中身をくらべるんだ〜！

↓

必ず5分の1程度試し読みすることが大切。

数学の参考書・問題集の種類

① 教科書傍用問題集

→ 教科書と同レベルの演習ができる！予習・復習に活用しよう！

② 総合参考書

→ 基本例題が解答復元練習をする教材になる！

選ぶポイント

20ページくらい目を通して，自分に合ったできるだけやさしいレベルのものを選ぼう。

③ 分野別参考書

→ 各単元ごとに解説してあるもの．教科書を先に読んでから学習しよう！

選ぶポイント

1. レベルが合っているか
2. 問題数は多すぎたり少なすぎたりしないか
3. 解説は自分にとってわかりやすいか

④ 入試対策問題集

→ ひとつの単元もしくは教科書1冊が終わってから使うのが一般的！

選ぶポイント

書店で目を通して自力で3分の1以上解けるものを選ぼう。

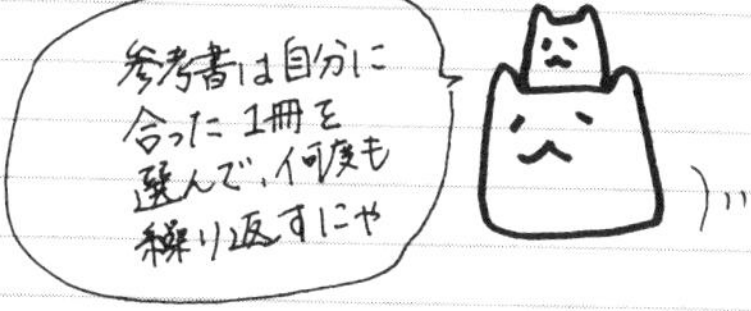
参考書は自分に
合った1冊を
選んで，何度も
繰り返すにゃ

第7講

社会に出てから役に立つ数学を身につけよう

最後は
数学を勉強する目的について話したいと思う
みんなは何のために数学を勉強すると思う?
えと……受験で必要だから……?
うんでもそれだけじゃない
数学を学んだ経験は社会に出ても役に立つんだ

でも日常生活で数学って使わないよな……
うーん
確かに高校数学を社会に出てから直接使う機会はほとんどない
でも微分・積分やベクトル数列などはただの数学の分野の名前であって
それ自体は数学ではない
じゃあ
数学って何だろう
……
しいて言えば……
合理的に判断する力を養う教科でしょうか

その通り！
数学では合理的判断力を養うことができる
さすがです…
人は人生において様々な場面で判断を迫られる
そのときいくつかの選択肢の中から
最も良いものを選ぶ判断をしなければいけない
進学
留学
就職
そのときに使う力が
合理的判断力だ

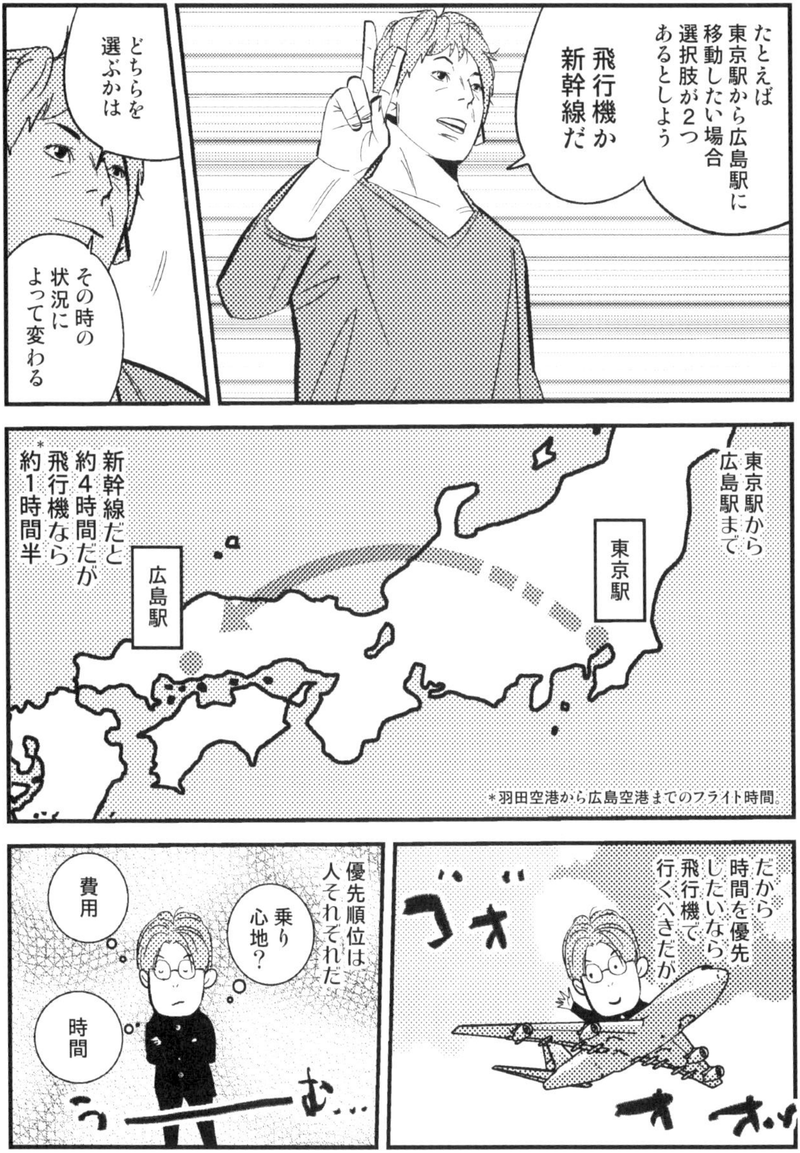

たとえば東京駅から広島駅に移動したい場合選択肢が2つあるとしよう
飛行機か新幹線だ
どちらを選ぶかは
その時の状況によって変わる
東京駅から広島駅まで
東京駅
広島駅
新幹線だと約4時間だが飛行機なら*約1時間半
＊羽田空港から広島空港までのフライト時間。
だから時間を優先したいなら飛行機で行くべきだが
ゴォ
オオォ
優先順位は人それぞれだ
乗り心地？
費用
時間
うーーむ…

僕の場合はパソコンの作業が必要な時には新幹線を使うが
荷物が多ければ乗換えが少ない新幹線
航空会社のマイルを貯めたい時は飛行機で
MILEAGE CARD
少しでも早くホテルで休みたい時には飛行機を使う
HOTEL
広島空港付近に寄りたい時も飛行機だ
広島空港
このように各自が優先順位をもとに合理的に判断するが
ここで求められているのは現在の状況を正確に理解して何を優先すべきなのか判断すること
その判断力こそ数学で学ぶ『考える力』で養われるんだ

恋愛もそうさ
マッチング理論と言うんだがこれを見てごらん

例 ここに男子3人（高橋君[*1]、杉山君、伊藤君）、女子3人（堀北さん、剛力さん、武井さん）の計6人がいるとし、それぞれが誰を好いているかは以下の表の順番とする。[*2]

		1番目に好きな人	2番目に好きな人	3番目に好きな人
男子	高橋君	堀北さん	剛力さん	武井さん
	杉山君	堀北さん	武井さん	剛力さん
	伊藤君	剛力さん	堀北さん	武井さん
女子	堀北さん	伊藤君	杉山君	高橋君
	剛力さん	高橋君	杉山君	伊藤君
	武井さん	高橋君	伊藤君	杉山君

*1……たとえば、高橋君は堀北さん→剛力さん→武井さんの順に好きであることを意味する。
*2……他の人は誰が好きなのかわからないものとする。

各男子は自分の
一番好きな女子に
プロポーズすると考え
また
プロポーズされた女子は
受けるか断るかを
すぐに決断しなければ
いけないとする
高橋君と杉山君は
堀北さんに
あの…
その…
伊藤君は
剛力さんに行く
どーぞ
このとき堀北さんは
高橋君よりは
杉山君の方が好きなので
杉山君を選ぶ
剛力さんは
伊藤君から
プロポーズされたので
とりあえず
伊藤君を選ぶ
やったー！
すると
高橋君は残った
武井さんに
プロポーズをする
しょうがないな…

高橋君　：堀北 ＞ 剛力 ＞ 武井
杉山君　：堀北 ＞ 武井 ＞ 剛力
伊藤君　：剛力 ＞ 堀北 ＞ 武井

堀北さん：伊藤 ＞ 杉山 ＞ 高橋
剛力さん：高橋 ＞ 杉山 ＞ 伊藤
武井さん：高橋 ＞ 伊藤 ＞ 杉山

最終的な組合せはこうなる

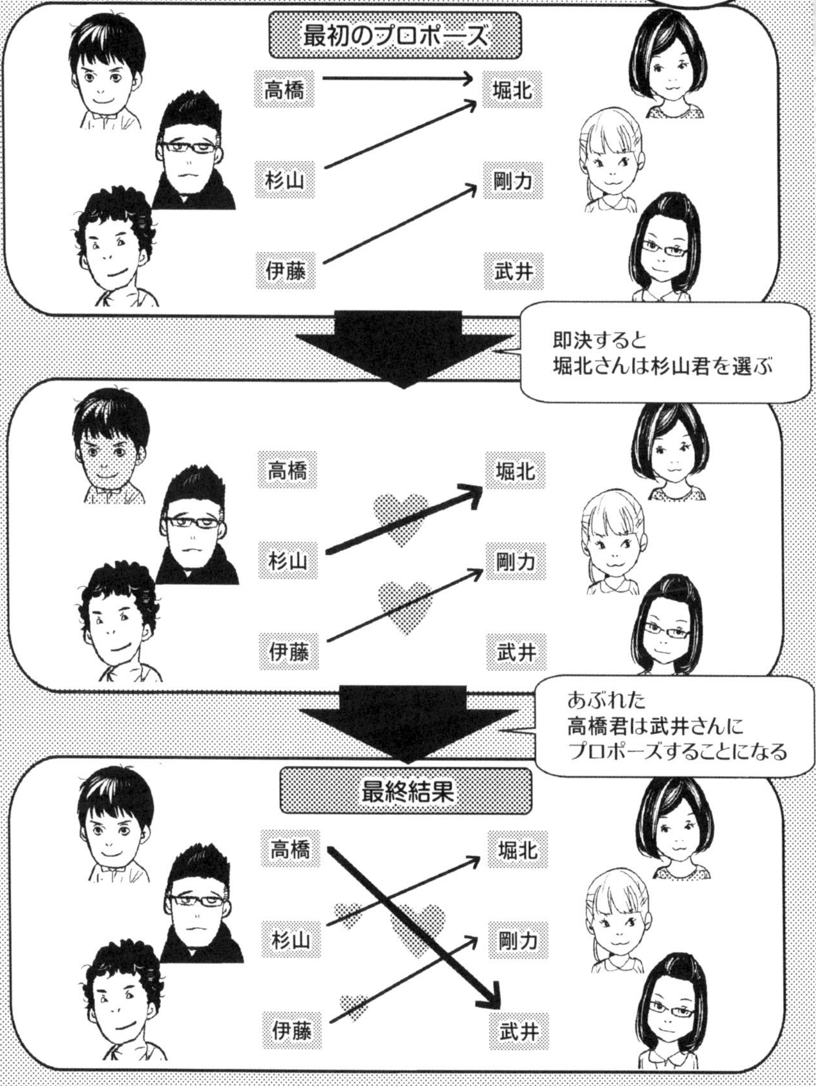

でも一番人気のある堀北さんは2番目に好きな杉山君と結婚することでやや後悔が残る
では次はプロポーズされてもすぐに決断しなくて良いとしよう
この6人の好みをすべて知ったうえで君たちなら堀北さんにどんなアドバイスをするだろうか？
頑張って一番好きな人と一緒になるんだ！とか…？
正解！って言いたいけどもっと具体的なアドバイスがほしい
君はどう？
杉山君への返事を保留して高橋君には早く断りを入れる…
正解！『早々に断りを入れる』
ここがポイント

堀北さんは
高橋君より
杉山君が好きだよね
伊藤君
杉山君
高橋君
どちらかと言えば…
だから高橋君には
早々に
断りを入れても
問題ない
でも
できれば一番好きな
伊藤君と結婚したい
でも本当は……
だから2番目に好きな
杉山君への返事は
とりあえず保留する
ちょっと待ってね
フラれた
キープってこと……？

そして
堀北さんに断られた
高橋君は2番目に好きな
剛力さんにプロポーズする
堀北さん
剛力さん
武井さん
剛力さんが
伊藤君のプロポーズを
受け入れてなければ
高橋君
杉山君
伊藤君
高橋君の方が
好きだから
高橋君を選べる
そうすると
フラれた
伊藤君は
うぅぅ…
好きだったのに…
剛力さん
堀北さん
武井さん
2番目に
好きな
堀北さんに
プロポーズ
してくる
やったぁ♥
そうすることで
堀北さんは一番好きな
伊藤君と結婚できるわけだ
やったー!!!

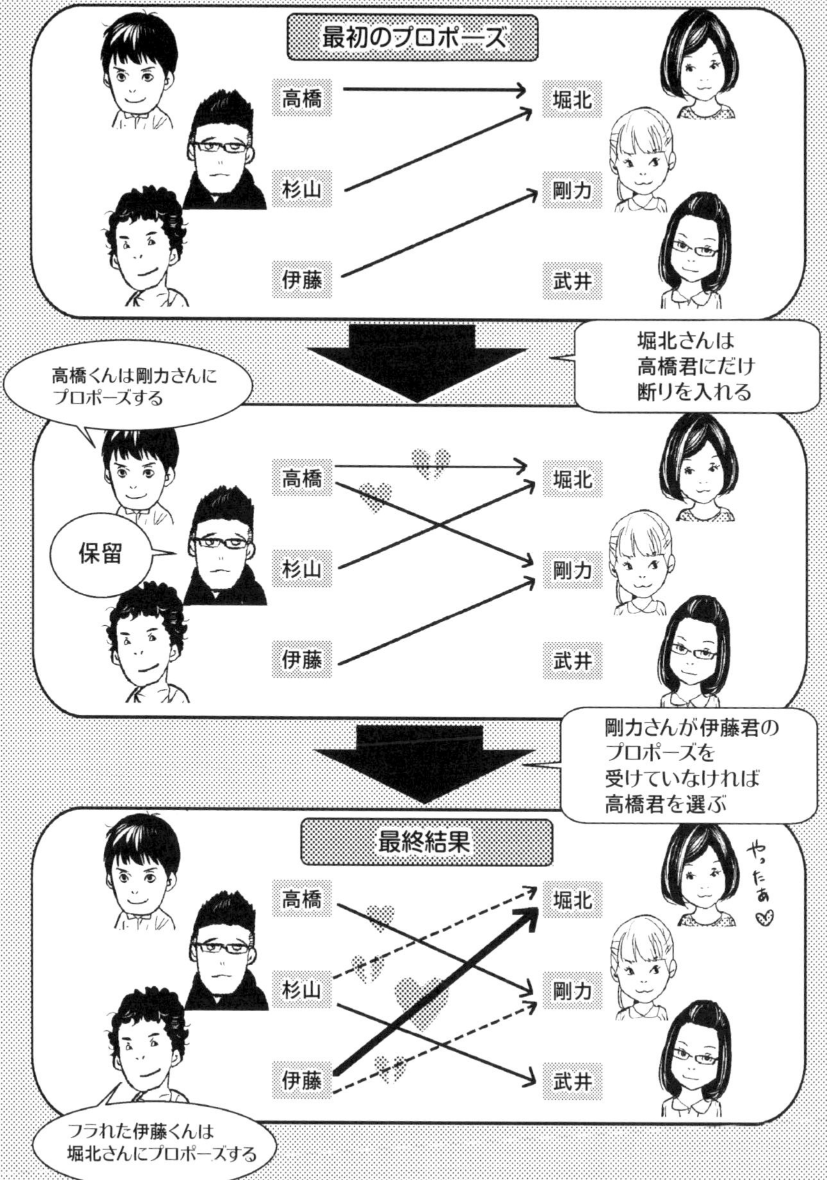
最初のプロポーズ
高橋
杉山
伊藤
堀北
剛力
武井
高橋くんは剛力さんにプロポーズする
堀北さんは高橋君にだけ断りを入れる
保留
高橋
杉山
伊藤
堀北
剛力
武井
剛力さんが伊藤君のプロポーズを受けていなければ高橋君を選ぶ
最終結果
高橋
杉山
伊藤
堀北
剛力
武井
やったあ
フラれた伊藤くんは堀北さんにプロポーズする

そっか
剛力さんが伊藤君の
プロポーズを
受ける前に高橋君が
行かないと
だめだもんな
だから
早く断る
必要があるのかぁ
これも一つの
合理的判断力だ
もちろん
高校で学んだ
微分・積分や数列
ベクトルはここでは
登場しないが
高校数学で学んだ
『考える力』が
大いに役立つ
これこそ…
状況を理解し
判断していく
力だ！

数学は受験のために勉強するわけではない
社会で役立たせるために勉強するんだ
だから文系の人や受験で数学が必要ない人もきちんと数学を学んでほしい
『数学は面白い』ってこと
『数学は社会に出てからも役に立つ』ってこと
この2つを勉強の原動力にしてほしい

ではみんな楽しく数学を学んでくれたまえ
また会おう
ザワザワ
勉強になった!
良かった
祐太君に感謝ね
これを機に
勉強しなさい
はーい

美世自習室で勉……
あれ？
あエリカごめんね…
高満君がお礼をって志田先生の公開授業参加できて良かったからって
高満？

よっしゃ勉強だ！
うるさい
頑張るぜ！
自習室で勉強しよ
うん！
でもその前にハンバーガー!!
高満
俺将来のこと真剣に考えようと思う
うん

だがその前にやらねばならぬことがひとつ
何?
参考書買わねば
お供します

自習室
もうちょっと ゆっくり 食べなよ
BOOKS
書店
新書セール
ムズカシイ…

社会に出てから役に立つ数学を身につけよう！

数学を学んだ経験は社会に出ても役に立つ

⇩

合理的判断力を養うことができる

①
にゃんで合理的判断力を養うといーの？
②
人は人生の中で様々な判断を迫られるにゃ。そのときイロイロある選択肢の中からいちばん良いものを選ぶ判断をするために養うのにゃよ
…
③
ネコにも必要？
うん

状況を理解して判断…!!
すき
恋愛もおなじ

☆ 数学は面白い！
☆ 数学は社会に出てからも役に立つ！
たのしかった
うん！

MEMO

※この作品は，東進ハイスクールで行われた志田晶先生の特別公開授業をもとに，内容を再構成して漫画化したものです。登場する生徒はフィクションで，実在する人物とは一切関係ありません。

大学受験 **TOSHIN** COMICS

数学の勉強法をはじめからていねいに

発行日：2013年10月25日 初版発行
2021年10月 4 日 第13版発行

講義原案・責任監修：**志田晶**
発行者：**永瀬昭幸**

編集担当：大木誓子
発行所：株式会社ナガセ
〒180-0003 東京都武蔵野市吉祥寺南町 1-29-2
出版事業部（東進ブックス）
TEL：0422-70-7456 ／ FAX：0422-70-7457
URL：http://www.toshin.com/books（東進WEB書店）
※本書を含む東進ブックスの最新情報は東進WEB書店をご覧ください。

漫画：岡本圭一郎
漫画制作・DTP：株式会社アイデアガレージ
カバーデザイン：LIGHTNING
校正・校閲：株式会社群企画
印刷・製本：シナノ印刷株式会社

ISBN978-4-89085-586-5 C7037

東進ブックス

編集部より

この本を読み終えた君にオススメの３冊！

東進ブックス
大学受験 数学
志田の
数学Ⅰ
スモールステップ完全講義
志田 晶
教科書から入試問題へ!
スモールステップで着実に実力UP

数学の公式・用語とその使い方を、どんなに数学が苦手な人でもわかるよう段階を追って説明した数学入門書の決定版!

東進ブックス
大学受験
数学Ⅰ・A
一問一答
完全版
志田 晶
これが試験に出る!!
充実の1084問掲載!!

数学の問題を解くために最低限必要な公式・用語を完全網羅。この１冊をやり切れば解けない問題はなくなります!

東進ブックス
大学受験
数学Ⅱ・B
一問一答
完全版
志田 晶
これが試験に出る!!
充実の1091問掲載!!

「公式・用語の確認」「練習問題」「入試問題」の３段階で効率的に入試得点力アップ!　数学が得意科目になる1冊です。

体験授業

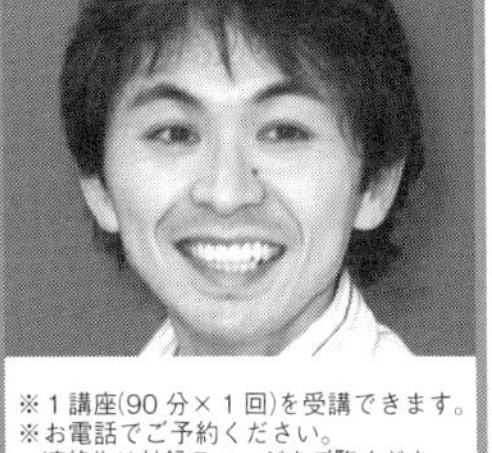

※１講座(90分×１回)を受講できます。
※お電話でご予約ください。
　連絡先は付録７ページをご覧ください。
※お友達同士でも受講できます。

志田晶先生の授業を受けてみませんか？

東進では有名実力講師陣の授業を無料で体験できる『体験授業』を行っています。
「わかる」授業、「完璧に」理解できるシステム、そして最後まで「頑張れる」雰囲気を実際に体験してください。

志田晶先生の主な担当講座　※2021年度

「受験数学Ⅰ・A/Ⅱ・B（応用）」 など

東進の合格の秘訣が次ページに

合格の秘訣1

全国屈指の実力講師陣

東進の実力講師陣 数多くのベストセラー参考書を執筆!!

東進ハイスクール・東進衛星予備校では、そうそうたる講師陣が君を熱く指導する!

本気で実力をつけたいと思うなら、やはり根本から理解させてくれる一流講師の授業を受けることが大切です。東進の講師は、日本全国から選りすぐられた大学受験のプロフェッショナル。何万人もの受験生を志望校合格へ導いてきたエキスパート達です。

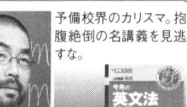

英語

「スーパー速読法」で難解な長文問題の速読即解を可能にする「予備校界の達人」!

渡辺 勝彦 先生
[英語]

予備校界のカリスマ。抱腹絶倒の名講義を見逃すな。

今井 宏 先生
[英語]

日本を代表する英語の伝道師。ベストセラーも多数。

安河内 哲也 先生
[英語]

国際的な英語資格(CELTA)に、全世界の上位5%(Pass A)で合格した世界基準の英語講師。

武藤 一也 先生
[英語]

情熱あふれる授業で、知らず知らずのうちに英語が得意教科に!

大岩 秀樹 先生
[英語]

雑誌『TIME』やベストセラーの翻訳も手掛け、英語界でその名を馳せる実力講師。

宮崎 尊 先生
[英語]

数学

短期間で数学力を徹底的に養成、知識を統一・体系化する!

沖田 一希 先生
[数学]

「ワカル」を「デキル」に変える新しい数学は、君の思考力を刺激し、数学のイメージを覆す!

松田 聡平 先生
[数学]

数学を本質から理解できる本格派講義の完成度は群を抜く。

志田 晶 先生
[数学]

国語

縦横無尽な知識に裏打ちされた立体的な授業に、グングン引き込まれる！

三羽 邦美 先生
［古文・漢文］

ビジュアル解説で古文を簡単明快に解き明かす実力講師。

富井 健二 先生
［古文］

東大・難関大志望者から絶大なる信頼を得る本質の指導を追究。

栗原 隆 先生
［古文］

文章で自分を表現できれば、受験も人生も成功できますよ。「笑顔と努力」で合格を！

石関 直子 先生
［小論文］

幅広い教養と明解な具体例を駆使した緩急自在の講義。漢文が身近になる！

寺師 貴憲 先生
［漢文］

理科

全国の受験生が絶賛するその授業は、わかりやすさそのもの！

田部 眞哉 先生
［生物］

化学現象の基本を疑い化学全体を見通す“伝説の講義”

鎌田 真彰 先生
［化学］

丁寧で色彩豊かな板書と詳しい講義で生徒を惹きつける。

宮内 舞子 先生
［物理］

地歴公民

“受験世界史に荒巻あり”といわれる超実力人気講師。

荒巻 豊志 先生
［世界史］

つねに生徒と同じ目線に立って、入試問題に対する的確な思考法を教えてくれる。

井之上 勇 先生
［日本史］

入試頻出事項に的を絞った「表解板書」は圧倒的な信頼を得る。

金谷 俊一郎 先生
［日本史］

政治と経済のメカニズムを論理的に解明しながら、入試頻出ポイントを明確に示す。

清水 雅博 先生
［公民］

わかりやすい図解と統計の説明に定評。

山岡 信幸 先生
［地理］

世界史を「暗記」科目だなんて言わせない。正しく理解すれば必ず伸びることを一緒に体感しよう。

加藤 和樹 先生
［世界史］

合格の秘訣2 革新的な学習システム

東進には、第一志望合格に必要なすべての要素を満たし、抜群の合格実績を生み出す学習システムがあります。

映像による授業を駆使した最先端の勉強法

高速学習

一人ひとりのレベル・目標にぴったりの授業

東進はすべての授業を映像化しています。その数およそ1万種類。これらの授業を個別に受講できるので、一人ひとりのレベル・目標に合った学習が可能です。1.5倍速受講ができるほか自宅のパソコンからも受講できるので、今までにない効率的な学習が実現します。

1年分の授業を最短2週間から1カ月で受講

従来の予備校は、毎週1回の授業。一方、東進の高速学習なら毎日受講することができます。だから、1年分の授業も最短2週間から1カ月程度で修了可能。先取り学習や苦手科目の克服、勉強と部活との両立も実現できます。

現役合格者の声

東京大学
理科一類
佐藤 洋太くん
東京都立 三田高校卒

東進の映像による授業は1・5倍速で再生できるため効率がよく、自分のペースで学習を進めることができました。また、自宅で授業が受けられるなど、東進のシステムはとても相性が良かったです。

先取りカリキュラム（数学の例）

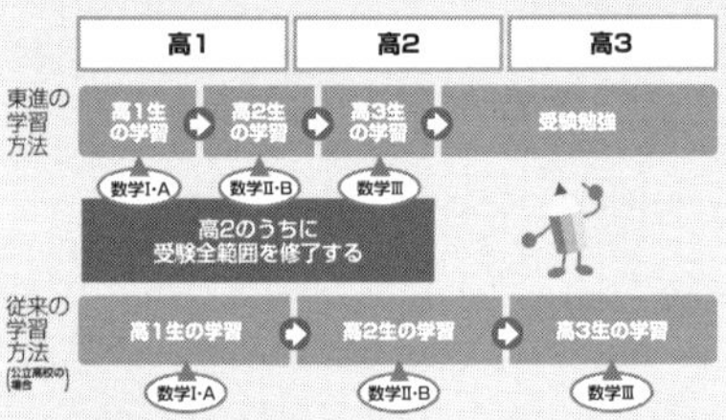

高1
高2
高3
東進の学習方法
高1生の学習
高2生の学習
高3生の学習
受験勉強
数学Ⅰ・A
数学Ⅱ・B
数学Ⅲ
高2のうちに受験全範囲を修了する
従来の学習方法
高1生の学習
高2生の学習
高3生の学習
数学Ⅰ・A
数学Ⅱ・B
数学Ⅲ

目標まで一歩ずつ確実に

スモールステップ・パーフェクトマスター

自分にぴったりのレベルから学べる習ったことを確実に身につける

高校入門から超東大までの12段階から自分に合ったレベルを選ぶことが可能です。「簡単すぎる」「難しすぎる」といったことがなく、志望校へ最短距離で進みます。

授業後すぐに確認テストを行い内容が身についたかを確認し、合格したら次の授業に進むので、わからない部分を残すことはありません。短期集中で徹底理解をくり返し、学力を高めます。

現役合格者の声

慶應義塾大学
法学部
赤井 英美さん
神奈川県 私立 山手学院高校卒

高1の4月に東進に入学しました。自分に必要な教科や苦手な教科を満遍なく学習できる環境がとても良かったです。授業の後にある「確認テスト」は内容が洗練されていて、自分で勉強するよりも、効率よく復習できました。

パーフェクトマスターのしくみ

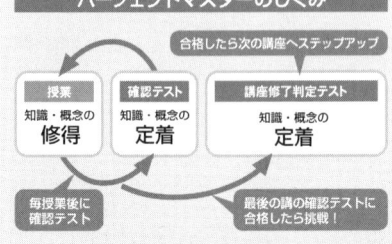

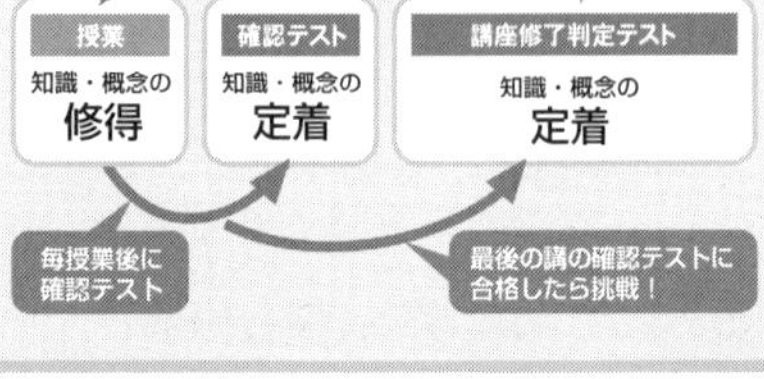

合格したら次の講座へステップアップ
授業
知識・概念の修得
確認テスト
知識・概念の定着
講座修了判定テスト
知識・概念の定着
毎授業後に確認テスト
最後の講の確認テストに合格したら挑戦！

徹底的に学力の土台を固める

高速マスター基礎力養成講座

高速マスター基礎力養成講座は「知識」と「トレーニング」の両面から、効率的に短期間で基礎学力を徹底的に身につけるための講座です。英単語をはじめとして、数学や国語の基礎項目も効率よく学習できます。インターネットを介してオンラインで利用できるため、校舎だけでなく、自宅のパソコンやスマートフォンアプリで学習することも可能です。

現役合格者の声

早稲田大学 政治経済学部
小林 隼人くん
埼玉県立 所沢北高校卒

受験では英語がポイントとなることが多いと思います。英語が不安な人には「高速マスター基礎力養成講座」がぴったりです。頻出の英単語や英熟語をスキマ時間などを使って手軽に固めることができました。

東進公式スマートフォンアプリ

東進式マスター登場！

スマートフォンアプリでスキマ時間も徹底活用！

（英単語／英熟語／英文法／基本例文）

1）スモールステップ・パーフェクトマスター！

頻出度（重要度）の高い英単語から始め、１つのSTEP（計100語）を完全修得すると次のSTAGEに進めるようになります。

2）自分の英単語力が一目でわかる！

トップ画面に「修得語数・修得率」をメーター表示。自分が今何語修得しているのか、どこを優先的に学習すべきなのか一目でわかります。

3）「覚えていない単語」だけを集中攻略できる！

未修得の単語、または「My単語（自分でチェック登録した単語）」だけをテストする出題設定が可能です。すでに覚えている単語を何度も学習するような無駄を省き、効率良く単語力を高めることができます。

「共通テスト対応英単語1800」
2021年共通テストカバー率99.8%！

君の合格力を徹底的に高める

志望校対策

第一志望校突破のために、志望校対策にどこよりもこだわり、合格力を徹底的に極める質・量ともに抜群の学習システムを提供します。従来からの「過去問演習講座」に加え、AIを活用した「志望校別単元ジャンル演習講座」が開講。東進が持つ大学受験に関するビッグデータをもとに、個別対応の演習プログラムを実現しました。限られた時間の中で、君の得点力を最大化します。

現役合格者の声

大阪大学 医学部科学科
二宮 佐和さん
愛媛県 私立 済美平成中等教育学校卒

東進の「過去問演習講座」は非常に役に立ちました。夏のうちに二次試験の過去問を10年分解くことで、今の自分と最終目標までの距離を正確に把握することができました。大学別の対策が充実しているのが良かったです。

志望校合格に向けた
最後の切り札

第一志望校対策演習講座

第一志望校の総合演習に特化し、大学が求める解答力を身につけていきます。対応大学は校舎にお問い合わせください。

東進×AIで
かつてない志望校対策

志望校別単元ジャンル演習講座

過去問演習講座の実施状況や、東進模試の結果など、東進で活用したすべての学習履歴をAIが総合的に分析。学習の優先順位をつけ、志望校別に「必勝必達演習セット」として十分な演習問題を提供します。問題は東進が分析した、大学入試問題の膨大なデータベースから提供されます。苦手を克服し、一人ひとりに適切な志望校対策を実現する日本初の学習システムです。

大学受験に必須の演習

過去問演習講座

1. 最大10年分の徹底演習
2. 厳正な採点、添削指導
3. 5日以内のスピード返却
4. 再添削指導で着実に得点力強化
5. 実力講師陣による解説授業

東進で勉強したいが、近くに校舎がない君は…

東進ハイスクール **在宅受講コースへ**

「遠くて東進の校舎に通えない……」。そんな君も大丈夫！ 在宅受講コースなら自宅のパソコンを使って勉強できます。ご希望の方には、在宅受講コースのパンフレットをお送りいたします。お電話にてご連絡ください。学習・進路相談も随時可能です。

0120-531-104

合格の秘訣3

東進模試

申込受付中

※お問い合わせ先は付録7ページをご覧ください。

学力を伸ばす模試

本番を想定した「厳正実施」

統一実施日の「厳正実施」で、実際の入試と同じレベル・形式・試験範囲の「本番レベル」模試。相対評価に加え、絶対評価で学力の伸びを具体的な点数で把握できます。

12大学のべ31回の「大学別模試」の実施

予備校界随一のラインアップで志望校に特化した"学力の精密検査"として活用できます(同日体験受験を含む)。

単元・ジャンル別の学力分析

対策すべき単元・ジャンルを一覧で明示。学習の優先順位がつけられます。

中5日で成績表返却

WEBでは最短中3日で成績を確認できます。
※マーク型の模試のみ

合格指導解説授業

模試受験後に合格指導解説授業を実施。重要ポイントが手に取るようにわかります。

東進模試 ラインアップ 2021年度

模試	対象	備考	実施回数
共通テスト本番レベル模試	受験生 高2生 高1生	※高1は難関大志望者	年4回
高校レベル記述模試	高2生 高1生		年2回
全国統一高校生テスト	高3生 高2生 高1生	●問題は学年別	年2回
全国統一中学生テスト	中3生 中2生 中1生	●問題は学年別	年2回
早慶上理・難関国公立大模試	受験生	共通テスト本番レベル模試との総合評価※	年5回
全国有名国公私大模試	受験生	共通テスト本番レベル模試との総合評価※	年5回
東大本番レベル模試	受験生	共通テスト本番レベル模試との総合評価※	年4回
京大本番レベル模試	受験生	共通テスト本番レベル模試との総合評価※	年4回
北大本番レベル模試	受験生	共通テスト本番レベル模試との総合評価※	年2回
東北大本番レベル模試	受験生	共通テスト本番レベル模試との総合評価※	年2回
名大本番レベル模試	受験生	共通テスト本番レベル模試との総合評価※	年3回
阪大本番レベル模試	受験生	共通テスト本番レベル模試との総合評価※	年3回
九大本番レベル模試	受験生	共通テスト本番レベル模試との総合評価※	年3回
東工大本番レベル模試	受験生		年2回
一橋大本番レベル模試	受験生		年2回
千葉大本番レベル模試	受験生	共通テスト本番レベル模試との総合評価※	年1回
神戸大本番レベル模試	受験生	共通テスト本番レベル模試との総合評価※	年1回
広島大本番レベル模試	受験生	共通テスト本番レベル模試との総合評価※	年1回
大学合格基礎力判定テスト	受験生 高2生 高1生		年4回
共通テスト同日体験受験	高2生 高1生		年1回
東大入試同日体験受験	高2生 高1生	※高1は意欲ある東大志望者	年1回
東北大入試同日体験受験	高2生 高1生	※高1は意欲ある東北大志望者	年1回
名大入試同日体験受験	高2生 高1生	※高1は意欲ある名大志望者	年1回
医学部82大学判定テスト	受験生		年2回
中学学力判定テスト	中2生 中1生		年4回

全国統一中学生テスト

全国統一高校生テスト

※最終回が共通テスト後の受験となる模試は、自己採点との総合評価となります。

※2021年度に実施予定の模試は、今後の状況により変更する場合があります。最新の情報はホームページでご確認ください。